Teubner-Reihe Wirtschaftsinformatik

A. C. Schwickert/T. E. Theuring
Online-Marketing

Teubner-Reihe Wirtschaftsinformatik

Herausgegeben von
Prof. Dr. Dieter Ehrenberg, Leipzig
Prof. Dr. Dietrich Seibt, Köln
Prof. Dr. Wolffried Stucky, Karlsruhe

Die „Teubner-Reihe Wirtschaftsinformatik" widmet sich den Kernbereichen und den aktuellen Gebieten der Wirtschaftsinformatik.

In der Reihe werden einerseits Lehrbücher für Studierende der Wirtschaftsinformatik und der Betriebswirtschaftslehre mit dem Schwerpunktfach Wirtschaftsinformatik in Grund- und Hauptstudium veröffentlicht. Andererseits werden Forschungs- und Konferenzberichte, herausragende Dissertationen und Habilitationen sowie Erfahrungsberichte und Handlungsempfehlungen für die Unternehmens- und Verwaltungspraxis publiziert.

Online-Marketing

Grundlagen, Modell und Fallstudie für Versicherungsunternehmen

Von Dr. Axel C. Schwickert
Johannes Gutenberg-Universität Mainz
und Thomas E. Theuring
Johannes Gutenberg-Universität Mainz

 B. G. Teubner Stuttgart · Leipzig 1998

Dr. rer. pol. Axel C. Schwickert

Geboren 1962 in Selters/Westerwald. Studium der Volkswirtschaftslehre und 1995 Promotion an der Johannes Gutenberg-Universität Mainz. Seither dort Habilitand am Lehrstuhl für Allg. Betriebswirtschaftslehre und Wirtschaftsinformatik Univ.-Prof. Dr. Herbert Kargl.
Interessengebiete: Web Site Engineering, Internet Supported Cooperative Work, Information Management.

Cand. rer. pol. Thomas E. Theuring

Geboren 1968 in Kelkheim/Taunus. Studium der Betriebswirtschaftslehre an der Johannes Gutenberg-Universität Mainz; Abschluß Juni 1998; wissenschaftliche Mitarbeit am Lehrstuhl für Allg. Betriebswirtschaftslehre und Wirtschaftsinformatik Univ.-Prof. Dr. Herbert Kargl.
Interessengebiete: Web Site Engineering, Online-Marketing, Datenbanken.

Gedruckt auf chlorfrei gebleichtem Papier.

Die Deutsche Bibliothek – CIP-Einheitsaufnahme

Schwickert, Axel C.:
Online-Marketing : Grundlagen, Modell und Fallstudie für Versicherungsunternehmen / von Axel C. Schwickert und Thomas E. Theuring. –
Stuttgart ; Leipzig : Teubner, 1998
 (Teubner-Reihe Wirtschaftsinformatik)
 ISBN 3-8154-2607-3

Das Werk einschließlich aller seiner Teile ist urheberrechtlich geschützt. Jede Verwertung außerhalb der engen Grenzen des Urheberrechtsgesetzes ist ohne Zustimmung des Verlages unzulässig und strafbar. Das gilt besonders für Vervielfältigungen, Übersetzungen, Mikroverfilmungen und die Einspeicherung und Verarbeitung in elektronischen Systemen.
© B. G. Teubner Verlagsgesellschaft Leipzig 1998

Printed in Germany
Druck und Bindung: Druckerei Hubert & Co. GmbH & Co., Göttingen
Umschlaggestaltung: E. Kretschmer, Leipzig

Vorwort

Der moderne, anspruchsvolle Kunde verhält sich immer weniger loyal zu einem Produkt bzw. Hersteller, sein multioptionales Verhalten nimmt permanent zu. Die stetig steigende Leistungssensibilität erhöht zusätzlich den Druck auf Hersteller und Anbieter zur Verbesserung von Produkten, Service und Beratung oder zu einem „angemesseneren" Preis/Leistungs-Verhältnis. Durch sinkende Gewinnspannen und zusätzlichen Rationalisierungsdruck müssen die Anbieter von Leistungen daher notgedrungen nach neuen Akquisitions- und Vertriebsstrategien suchen, um bestehende Kundenbeziehungen zu vertiefen, neue Kunden zu gewinnen und Zukunftsmärkte erfolgreich zu bearbeiten. Ebenso gilt es, einem durch zunehmende Globalisierung von Unternehmensstrategien bedingten Verlust an Markt-, Reaktions- und Anpassungsnähe entgegenzuwirken. Einen Weg, diesen Entwicklungen Rechnung zu tragen und die Anforderungen eines „neuen Marketings" zu erfüllen, bietet die Nutzung von Online-Medien.

Besonders für Dienstleister wie Versicherungsunternehmen wird die multimediale Online-Präsenz in Zeiten der ständigen Suche nach neuen Absatzmärkten und -kanälen, potentiellen Kunden und höherer Kundenbindung ein immer wichtigeres Marketing-Instrument. Aufgrund der betriebswirtschaftlich-technischen Ambivalenz des Begriffes „Online-Marketing" ist die Leitlinie des vorliegenden Buches, die Gestaltungs- und Handlungsempfehlungen aus Sicht des Marketings und der Wirtschaftsinformatik auf ein geschlossenes fachliches Fundament zu stellen. Ziel des Buches ist es, die Systematik eines Online-Marketings und konkrete Ansatzpunkte für die unternehmerische Praxis aufzuzeigen.

In einem ersten Schritt werden dazu sowohl die strategischen Grundlagen eines Marketings für Unternehmen der Versicherungsbranche allgemein erarbeitet als auch die relevante Online-Infrastruktur analysiert. Die daran anknüpfende Entwicklung des Online-Marketing-Modells für ein Versicherungsunternehmen erfolgt auf der Basis der technischen und organisatorischen Infrastruktur der Allianz Versicherungs-AG, München. Zur Realisierung des Modells wird ein Drei-Stufen-Plan entwickelt und in die Online-Strategie der Allianz Versicherungs-AG eingepaßt.

Die systematische Aufarbeitung des wissenschaftlichen Marketing- und IT-Hintergrundes zum Online-Marketing ist über die Versicherungsbranche hinaus für einem weiten Kreis von Dienstleistungsunternehmen relevant. Mit Leitlinie, Ziel und Aufbau des Buches werden nicht nur Führungs- und Fachkräfte aus der Versicherungsbranche angesprochen, die sich fachlich bislang entweder auf Marketing oder Informationstechnologie konzentrierten. Das Buch wendet sich explizit auch an Studierende der Wirtschaftswissenschaften mit den Schwerpunkten Wirtschaftsinformatik und Marketing. Die Integration dieser beiden fachlichen Schwerpunkte vermittelt ein umfassendes Verständnis für die Online-Präsenz eines Unternehmens. Die Fallstudie „Allianz AG" trägt dazu bei, die gewonnenen Erkenntnisse in die Praxis zu transferieren.

Ohne die Kooperationsbereitschaft der Allianz Versicherungs-AG hätte das Buch nicht entstehen können. Wir danken besonders den Herren Michael Maskus (Vertrieb/Marketing), Wilfried Frenzel und Michael Lerz (Vertrieb/AV-Medienzentrale), Ulrich Veith (Vertrieb/BTO), Reinhard Augsburger und Dierk Jahn (Vertrieb/Marketingforschung), Michael Horstmann und Robert Starnberg (DVZ-AE2), Stephan Köhler (Unternehmensberater) sowie Frau Andrea Leyendecker (P6 Kundengruppenmanagement) und Frau Brigitte Russ-Scherer (Presse und Öffentlichkeitsarbeit) für die tatkräftige Unterstützung und die Bereitstellung der erforderlichen Informationen.

Mainz, im März 1998　　　　　　　　　　　　　　Axel C. Schwickert
　　　　　　　　　　　　　　　　　　　　　　　Thomas E. Theuring

Inhaltsverzeichnis

Abkürzungsverzeichnis 10

1 Ziel und Aufbau **11**

2 Marketing in der Versicherungsbranche **14**
    2.1 Systematisierung der Marketing-Grundlagen 14
    2.2 Dienstleistungsmarketing in der Versicherungsbranche 16
        2.2.1 Der Dienstleistungsbegriff 16
        2.2.2 Versicherungen als Dienstleistungen 17
        2.2.3 Dienstleistungsmarketing 20
        2.2.4 Das Marketing in der Versicherungsbranche 24
    2.3 Ansätze des strategischen Managements 32
        2.3.1 Die generischen Wettbewerbsstrategien 32
        2.3.2 Der strategische Wettbewerbsvorteil 40
        2.3.3 Der Wertkettenansatz 41
        2.3.4 Kundenbindung in der Versicherungsbranche 47
    2.4 Instrumente des Marketing 52
        2.4.1 Marketingpolitik in der Versicherungsbranche 52
        2.4.2 Externes Marketing 54
        2.4.3 Internes Marketing 66
        2.4.4 Interaktives Marketing 67
        2.4.5 Zusammenfassung 69

3 Markt und Marketing im Online-Bereich **71**
    3.1 Systematisierung 71
    3.2 Der multimediale Online-Markt 72
        3.2.1 Begriffliche, technische und räumliche
            Abgrenzung 72
        3.2.2 Das World Wide Web im Internet 76
        3.2.3 Die kommerziellen Online-Dienste 79

        3.2.4 Der breitbandige Online-Bereich für
             interaktives Fernsehen 80
        3.2.5 Ökonomische Kenngrößen des Online-Marktes 81
        3.2.6 Die rechtliche Situation 86
        3.2.7 Die Sicherheitsproblematik 90
        3.2.8 Das World Wide Web als Plattform für
             Online-Marketing 94
  3.3 Grundlagen des Online-Marketing 96
        3.3.1 Abgrenzung und Definition 96
        3.3.2 Paradigmenwechsel in der Kommunikation 97
        3.3.3 Von nationalen zu globalen Märkten 104
        3.3.4 Marktforschung im Internet 106
        3.3.5 Auswirkungen der Online-Kommunikation auf
             das marketingpolitische Instrumentarium 115
        3.3.6 Bedeutung der Online-Kommunikation für das
             interaktive Marketing 131
        3.3.7 Technische Barrieren 133
        3.3.8 Zusammenfassung 135

**4 Online-Marketing in der Versicherungsbranche – Ein
Modell 139**
  4.1 Ausgangssituation 139
  4.2 Konzeptioneller Aufbau von Online-Auftritten 140
  4.3 Online-Marketing im Versicherungsunternehmen 144
        4.3.1 Der Wertansatz beim
             Versicherungsunternehmen 144
        4.3.2 Die Marketinginstrumente des
             Versicherungsunternehmens 148
  4.4 Online-Marketing für den selbständigen Vermittler 158
        4.4.1 Der Wertansatz beim Vermittler 158
        4.4.2 Die Marketinginstrumente des Vermittlers 159
  4.5 Das integrierte Kommunikationsmodell 164

Inhaltsverzeichnis

5 Online-Marketing in der Versicherungsbranche – Eine Fallstudie **169**
    5.1   Ausgangssituation 169
    5.2   Der Status Quo der Online-Strategie 172
    5.3   Der Drei-Stufen-Plan 175
            5.3.1 Stufe 1 – Präsenz und Image 175
            5.3.2 Stufe 2 – Dialog 177
            5.3.3 Stufe 3 – Transaktion 183
    5.4   Die neu ausgerichtete Online-Strategie 186

6 Online-Tendenzen in der Versicherungsbranche **189**

Literaturverzeichnis 192
Online-Adressen 201
Stichwortverzeichnis 202

Abkürzungsverzeichnis

AOL	America Online
ARPA	Advanced Research Projects Agency
ATM	Asynchronous Transfer-Mode
BAV	Bundesaufsichtsamt für das Versicherungswesen
BTX	Bildschirmtext
CERN	Centre Européen de la Recherche Nucléaire
CGI	Common Gateway Interface
E-Mail	Electronic Mail
EOL	Europe Online
FAQ	Frequently Asked Questions
FTP	File Transfer Protocol
GfK	Gesellschaft für Konsumforschung
HGB	Handelsgesetzbuch
HTTP	Hypertext Transfer Protocol
HTML	Hypertext Markup Language
IKM	Integriertes Kommunikationsmodell
IP	Internet Protocol
IRC	Internet Relay Chat
IuKDG	Informations- und Kommunikationsdienste-Gesetz
kb/s	Kilobit/Sekunde
Modem	Modulator/Demodulator
MSN	Microsoft Network
PDF	Public Domain Format
PIN	Personal Identity Number
SNA	System Network Architecture
TAN	Transaction Number
TCP/IP	Transmission Control Protocol/Internet Protocol
URL	Uniform Resource Locator
Vers	Versicherung
VVG	Versicherungsvertragsgesetz
WWW	World Wide Web

1 Ziel und Aufbau

Computertechnik, Telekommunikation, Unterhaltungselektronik und audiovisuelle Medien wachsen zusammen, die moderne Industriegesellschaft vollzieht einen Wandel zur Informationsgesellschaft.[1] Kennzeichen dieser Entwicklung sind die zunehmende Beliebtheit von Online-Dienstleistungen wie Home-Banking, die steigende Anzahl der Online-Zugänge am Arbeitsplatz oder die permanente Diskussion um Begriffe wie Internet, Cyberspace und Multimedia in den Medien. Darüber hinaus legen Initiativen wie „Schulen ans Netz" oder Projekte zum Ausbau der nationalen Informationsinfrastruktur den Grundstein für eine zunehmende Bereitschaft der Bevölkerung zur Nutzung der neuen Kommunikationsmedien.

Dieser Tendenz stehen aus Unternehmenssicht immer differenziertere Kundenanforderungen, allgegenwärtiger Kostendruck und eine steigende Preis-Leistungssensibilität gegenüber.[2] Gleichzeitig ist eine abnehmende Kundenloyalität zu beobachten. Gerade in der Versicherungsbranche wird die Abwanderung von Kunden durch die Austauschbarkeit der Angebotsalternativen erleichtert. Auch neue Produktideen sind mit kurzer Zeitverzögerung bei allen Versicherungen verfügbar – unter etwas anderem Namen und mit etwas veränderten Eigenschaften. Echte Wettbewerbsvorteile durch Produkte gibt es nicht mehr.[3] Unternehmen sind daher ständig auf der Suche nach neu-

---

1 Vgl. o. V.: Info 2000: Deutschlands Weg in die Informationsgesellschaft, in: Bericht der Bundesregierung: Aktuelle Beiträge zur Wirtschafts- und Finanzpolitik, Nr. 5/ 1996, hrsg. vom Presse und Informationsamt der Bundesregierung, Bonn, 23. Februar 1996.

2 Vgl. Bick, Dieter: Wettbewerbsfaktor Internet – Wie können Versicherungen profitieren?, in:Versicherungswirtschaft, Heft 5/1996, S. 301.

3 Vgl. von Kortzfleisch, Harald F. O.: Möglichkeiten von Telekommunikation/Online-Diensten und Multimedia zur Unterstützung/Verbesserung der Interaktion zwischen dem Vertreter im Außendienst der Allianz Versicherungs-

en Akquisitions- und Vertriebsstrategien, um neue Kunden zu gewinnen und bestehende Kundenbeziehungen zu vertiefen.

Eine Option, diesen Herausforderungen zu begegnen, bietet die multimediale Online-Präsenz als Marketing-Instrument. Eine gut durchdachte, zielgerichtete Online-Strategie, die eine systematische Erfolgskontrolle ermöglicht, existiert dabei in den seltensten Fällen.[4] Vor diesem Hintergrund ist es Ziel des vorliegenden Buches, die Strategie für ein Online-Marketing zu fundieren und ein Handlungskonzept für Versicherungsunternehmen zu entwickeln. Anhand einer Fallstudie wird gezeigt, wie mit diesem Konzept der strategische Wettbewerbsvorteil einer Versicherungsgesellschaft, *die Servicequalität,* über das Internet erhalten und ausgebaut werden kann.

In Kapitel 2 werden zunächst relevante Ansätze des Marketing wie der Wertkettenansatz und die generischen Wettbewerbsstrategien unter den Besonderheiten des Dienstleistungsmarketing diskutiert und auf die Verhältnisse in der Versicherungsbranche angewendet. Parallel dazu wird der Online-Markt betrachtet, die Chancen eines Online-Marketing aufgezeigt und das World Wide Web als Plattform für Online-Marketing herausgestellt (Kapitel 3). Versicherungsmarketing und Online-Marketing münden schließlich in ein Kommunikationsmodell (Kapitel 4), das beide Marketingbereiche integriert und als Ausgangsbasis für die Online-Strategie eines Versicherungsunternehmen mit selbständigem Außendienst dienen kann.

Nach Maßgabe dieses Modells wird unter Berücksichtigung der vorhandenen technischen und organisatorischen Infrastruktur ein dreistu-

---

AG und den Kunden – Eine Studie für die Allianz Versicherungs-AG Generaldirektion, München, 25.03.1996, S. 4 f., zur Verfügung gestellt von Vertrieb/Marketing der Allianz Versicherungs-AG München.

4 Vgl. o. V.: Auftritt im Cyberspace bereitet Firmen Probleme: Studie von Arthur D. Little zum Marketing mit Multimedia, in: Computerwoche 11/96, S. 56.

1 Ziel und Aufbau

figes Handlungskonzept für ein Online-Marketing des in der Fallstudie betrachteten Versicherungsunternehmens konkretisiert (Abschnitt 5). Ein Ausblick auf die zukünftige Entwicklung des Online-Marketing für Versicherungsunternehmen rundet den Themenkomplex ab.

Abbildung 1 zeigt die inhaltlichen Zusammenhänge des Buches in einer graphischen Übersicht.

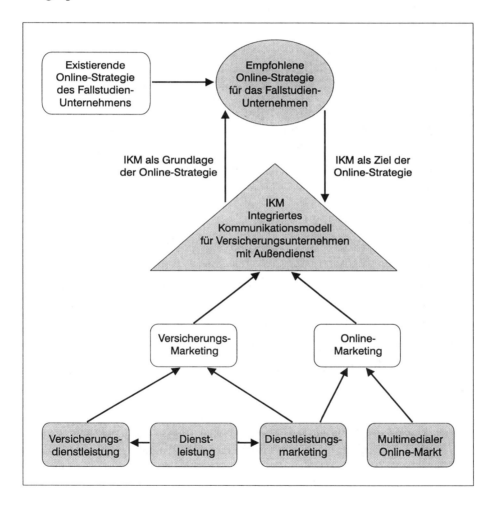

Abb. 1: Inhaltlicher Aufbau des Buches

2 Marketing in der Versicherungsbranche

2.1 Systematisierung der Marketing-Grundlagen

Seit Beginn der fünfziger Jahre hat die Versicherungswirtschaft Prämienzuwächse zu verzeichnen, die über dem jeweiligen Wachstum des Bruttosozialproduktes liegen. Gleichzeitig ist aber ein stetiges Absinken der Zuwachsraten zu beobachten (vgl. Tabelle 1[5]). Stand anfangs einem begrenzten Angebot eine große Nachfrage gegenüber, so hat sich der Markt in den letzten Jahren von einem Verkäufer- zu einem Käufermarkt gewandelt.[6] Zunehmender Wettbewerbsdruck und steigende Ansprüche der Kunden sind die Merkmale. Unternehmen sind daher gezwungen, sich an den Bedürfnissen der Kunden auszurichten und gegenüber den Wettbewerbern eindeutige Wettbewerbsvorteile aufzubauen. Im Zuge dessen hat das Versicherungsmarketing an Bedeutung gewonnen.

Im folgenden sollen die Grundlagen des Versicherungsmarketing erarbeitet werden. Dazu wird in einem ersten Schritt der Begriff der Dienstleistung definiert, deren Merkmale herausgestellt und auf die Versicherungsdienstleistung angewendet. Anschließend wird das Marketingverständnis innerhalb des Konzepts einer marktorientierten Unternehmensführung dargelegt und die Teilbereiche Dienstleistungsmarketing, Konsumgütermarketing und Investitionsgütermarketing voneinander abgegrenzt. Die Auswirkungen der Dienstleistungsmerkmale auf das Marketing leiten zu den allgemeinen Anforderungen an

---

5 Vgl. Kurtenbach, Wolfgang W.; Kühlmann, Knut; Käßer-Pawelka, Günter: Versicherungsmarketing: Eine praxisorientierte Einführung in das Marketing für Versicherungen und ergänzende Dienstleistungen, Frankfurt am Main: Verlag Fritz Knapp GmbH 1995, S. 5 f.

6 Vgl. Kurtenbach, Wolfgang W.; Kühlmann, Knut; Käßer-Pawelka, Günter: Versicherungsmarketing: Eine praxisorientierte Einführung in das Marketing für Versicherungen und ergänzende Dienstleistungen, a. a. O., S. 5 f.

ein Dienstleistungsmarketing über. Diese Anforderungen werden zusammen mit den Charakteristika der Versicherungsdienstleistung auf das Versicherungsmarketing angewendet. Dabei wird der Bedeutung des in der Praxis noch vorherrschenden indirekten Vertriebsweges Rechnung getragen und der Versicherungsvermittler als strategisch wichtiges Element innerhalb des Versicherungsmarketings herausgestellt.

Jahre	Veränderungsraten im 10-Jahresdurchschnitt in %	
	Bruttosozialprodukt in jeweiligen Preisen	Brutto-Beiträge der Individualversicherer
1951 - 1960	11,2	14,8
1961 - 1970	8,4	11,3
1971 - 1980	8,2	10,8
1981 - 1990	4,8	6,7

Tab. 1: Vergleich der Veränderungsraten von Brutto-Beiträgen der Individualversicherer und Bruttosozialprodukt

Nach dieser Einführung werden im Rahmen des strategischen Managements mögliche Strategietypen für die Versicherungsbranche untersucht. Mit Hilfe der Wettbewerbsstrategien versucht ein Unternehmen einen Wettbewerbsvorteil zu erlangen und sich so von seinen Konkurrenten abzuheben. Um einen solchen Wettbewerbsvorteil zu verdeutlichen, wird das Instrument der Wertkettenanalyse vorgestellt und aus der Sicht eines Versicherungsunternehmens diskutiert. Danach wird die Kundenbindung als Hauptziel einer Differenzierungsstrategie in der Versicherungsbranche herausgearbeitet.

Abgeschlossen werden die Marketing-Grundlagen durch eine Betrachtung der Instrumente, die einem Versicherungsunternehmen zur Verfügung stehen, um eine gewählte Strategie umzusetzen. Dabei wird in die Bereiche des internen, externen und interaktiven Marketing unterschieden.

Die hier erarbeiteten Grundlagen bilden zusammen mit den Ergebnissen aus Kapitel 3 die Basis für das später zu entwickelnde Kommunikationsmodell. Da dieses Modell die Ausgangsbasis für die Online-Strategie des Fallstudien-Unternehmens darstellen soll, wird der Schwerpunkt der folgenden Ausführungen auf einer Betrachtung des Marketing für ein Versicherungsunternehmen mit selbständigem Außendienst liegen.

2.2 Dienstleistungsmarketing in der Versicherungsbranche

2.2.1 Der Dienstleistungsbegriff

Eine Dienstleistung ist ein immaterielles Gut, welches durch das *zeitliche Zusammenfallen von Verbrauch und Produktion* charakterisiert wird.[7] Dienstleistungen entstehen durch *Integration des externen Faktors*, also aus Handlungen einer Person, (z. B. Trainer, Friseur) und/ oder einer Kombination materieller Einsatzfaktoren (z. B. den Automaten einer Autowaschstraße) an Dienstobjekten.[8] Diese Dienstobjekte können Personen (z. B. Beratungsleistung, Transport, Haarschneiden) oder Gegenstände (z. B. Auto, Computer, Garten) sein.

In Abgrenzung zu materiellen, stofflichen Wirtschaftsgütern besitzen Dienstleistungen einen *immateriellen Charakter*.[9] Der immaterielle

---

7　Vgl. Gabler Wirtschafts-Lexikon, 13., vollst. überarb. Aufl., erschienen auf CD-ROM, Wiesbaden: Gabler 1993, Stichwort Dienstleistung. Anmerkung: Das Zusammenfallen von Produktion und Verbrauch einer Dienstleistung wird auch als Uno-actu-Prinzip bezeichnet, vgl. dazu Meffert, Heribert; Bruhn, Manfred: Dienstleistungsmarketing: Grundlagen - Konzepte - Methoden; mit Fallbeispielen, 2., überarb. und erw. Aufl., Wiesbaden: Gabler 1997, S. 60.

8　Vgl. Scheuch, Fritz: Dienstleistungen, in: Vahlens großes Marketinglexikon, Hrsg.: Diller, Hermann, München: Vahlen 1992, S. 192.

9　Vgl. Simon, Hermann: Preismanagement: Analyse, Strategie, Umsetzung, 2., vollst. überarb. und erw. Aufl., Wiesbaden: Gabler 1992, S. 566.

2 Marketing in der Versicherungsbranche

Charakter zeigt sich darin, daß man vor Erwerb der Leistung das Ergebnis mit den Sinnen nur schwer erfassen, also sehen, hören, riechen, fühlen oder schmecken kann. Daraus folgt eine Risikosituation für den Kunden in der Kaufentscheidung, da er die Qualität einer Dienstleistung vor dem Erwerb nicht bewerten kann.[10] Eine Dienstleistung kann aus technischer und ökonomischer Sicht auch nicht auf Vorrat produziert werden, sie ist also *nicht lagerfähig*.[11] Ist die Produktion der Dienstleistung hingegen abgeschlossen, kann das Ergebnis der Dienstleistung in den meisten Fällen mit den Sinnen erfaßt und sogar gelagert werden, wie zum Beispiel der Abschlußbericht einer Beratungsfirma.

2.2.2 Versicherungen als Dienstleistungen

Zum Kreis der Dienstleistungen werden ebenfalls die Versicherungen gezählt.[12] Eine Versicherung besteht aus einem in die Zukunft gerichteten Leistungsversprechen.[13] Dazu geht der Versicherungsnehmer mit dem Versicherungsunternehmen ein längerfristiges Vertragsverhältnis ein. Gegen eine regelmäßige Prämienzahlung erhält er einen

---

10   Vgl. Scheuch, Fritz: Dienstleistungen, in: Vahlens großes Marketinglexikon, a. a. O., S. 193.
11   Vgl. Meffert, Heribert; Bruhn, Manfred: Dienstleistungsmarketing: Grundlagen - Konzepte - Methoden, a. a. O., S. 59 f. Zum Beispiel kann ein in der Sommersaison leerstehendes Hotelzimmer im Winter bei Spitzenauslastung nicht verwertet werden.
12   Beispielsweise wird das Versicherungswesen seit dem 01.04.1979 im Gesetz über die Eintragung von Dienstleistungsmarken in der Klasse 36 Versicherungs- und Finanzwesen geführt. Vgl. Meffert, Heribert; Bruhn, Manfred: Dienstleistungsmarketing: Grundlagen - Konzepte - Methoden, a. a. O., S. 18.
13   Vgl. Kurtenbach, Wolfgang W.; Kühlmann, Knut; Käßer-Pawelka, Günter: Versicherungsmarketing: Eine praxisorientierte Einführung in das Marketing für Versicherungen und ergänzende Dienstleistungen, a. a. O., S. 18.

Anspruch auf Entschädigung durch Geld, wenn ein im Vertrag festgelegter Versicherungsfall eintritt.[14]

Der immaterielle Charakter einer Versicherung wird deutlich, wenn man versucht, den Versicherungsschutz mit den Sinnen zu erfassen. Erst bei Eintritt des Versicherungsfalls kann man das Ergebnis, die Entschädigung durch Geld, wahrnehmen. Des weiteren kommt eine Versicherungsdienstleistung erst mit der Integration des externen Faktors, durch Informationen über das zu versichernde Objekt, zustande. Diese Integration erfolgt durch die Auskunftspflicht des Kunden. Bei Vertragsabschluß muß der Kunde personen- und risikobezogene Informationen angeben, im Versicherungsfall ist er verpflichtet, Angaben zu Ausmaß und Hergang des Schadens zu machen.

Hier wird eine erste Besonderheit der Versicherung deutlich. Der Absatz, der Vertragsabschluß, geht der Leistungserstellung, dem Versicherungsschutz, zeitlich und sachlich voraus.[15] Weitere Besonderheiten der Versicheung sind in bezug auf die genannten Merkmale Lagerfähigkeit und zeitliches Zusammenfallen von Produktion und Verbrauch aufzuführen.

Bei einer Versicherung fallen Verbrauch und Produktion nicht zusammen. Dies trifft zwar auf Dienstleistungen wie Haarschneiden zu, wenn die Person, an der die Dienstleistung Haarschneiden erbracht

---

14 Vgl. Meyer, Anton: Dienstleistungs-Marketing: Erkenntnisse und prakt. Beispiele, 5. Aufl., Augsburg: FGM-Verl., Verl. d. Förderges. Marketing an d. Univ. Augsburg, 1992, S. 66. Anmerkung: Im folgenden wird aus Vereinfachungsgründen immer von Versicherungsfall oder Schadenfall gesprochen, ohne jeweils auf die Begrifflichkeiten bei Sach- und Personenversicherungen getrennt einzugehen.

15 Vgl. Farny, Dieter: Versicherungsmarketing, in: Enzyklopädie der Betriebswirtschaftslehre, Bd. 4, Handwörterbuch des Marketing, 2., vollst. überarb. Aufl., Hrsg.: Tietz, Bruno, Stuttgart: Schäffer-Poeschel 1995, S. 2600 ff. Diese Charakteristikum wird Auswirkungen auf den in Kapitel 2.3.3 zu zeigenden Wertkettenansatz haben.

2 Marketing in der Versicherungsbranche

wird, anwesend sein muß. Bei Versicherungen hingegen wird die Dienstleistung Versicherungsschutz über das gesamte Vertragsverhältnis erbracht. Verbraucht oder in Anspruch genommen wird sie jedoch nur im Versicherungsfall.[16]

Eine Versicherung ist nicht lagerfähig, da die Dienstleistung einer Versicherung darin besteht, für einen vertraglich vereinbarten Zeitraum Versicherungsschutz zu geben.[17] Ist dieser Zeitraum abgelaufen, so kann ein eventuell nicht in Anspruch genommener Versicherungsschutz zu einem späteren Zeitpunkt nicht mehr geltend gemacht werden.

Des weiteren besitzt die Versicherungsdienstleistung einige Merkmale, die zum Teil erhebliche Konsequenzen für die Vermarktung von Versicherungen haben. Eine Versicherung ist eine komplizierte, nur schwer nachzuvollziehende Ware, die einen schwer prognostizierbaren Zukunftsbedarf decken soll. Abweichend zu vielen Dienstleistungen hat Versicherungsschutz den Charakter einer unsichtbaren Ware, da ohne Eintritt des Versicherungsfalls kein unmittelbarer Gegenwert oder gar Erlebniswert besteht.[18]

---

16 Hier zeigt sich, daß das Uno-actu-Prinzip nicht durchgängig ist. Meffert zeigt weitere Beispiele auf, in denen das Uno-actu-Prinzip nicht greift: Schutzimpfung, Nutzung eines Abschlußberichtes eines Beratungsunternehmens nach der eigentlichen Beratungsleistung. Vgl. dazu Meffert, Heribert; Bruhn, Manfred: Dienstleistungsmarketing: Grundlagen - Konzepte - Methoden, a. a. O., S. 60. Anmerkung: Eine Ausnahme bildet hier die kapitalbildende Lebensversicherung, bei der es sowohl im Versicherungsfall als auch im Erlebensfall zu einer Leistung kommt.

17 Vgl. Farny, Dieter: Versicherungsmarketing, a. a. O., S. 2601.

18 Vgl. Kurtenbach, Wolfgang W.; Kühlmann, Knut; Käßer-Pawelka, Günter: Versicherungsmarketing: Eine praxisorientierte Einführung in das Marketing für Versicherungen und ergänzende Dienstleistungen, a. a. O., S. 18. Hier kann jedoch die Einschränkung gemacht werden, daß man durch den Versicherungsschutz ein Sicherheitsgefühl erhält, was man durchaus als Gegenwert, wenn auch nicht unbedingt als Erlebniswert, ansehen kann.

Alle angesprochenen Merkmale und Besonderheiten haben Auswirkungen auf die Absetzbarkeit von Versicherungen. Die hohe Erklärungsbedürftigkeit durch den komplizierten Leistungscharakter („High-involvement-Produkt") auf der einen Seite und die Tatsache, daß eine Versicherung keinen Erlebniswert darstellt („Low-interest-Produkt") auf der anderen Seite, stellen besondere Anforderungen an Marketingmaßnahmen, auf die im nächsten Abschnitt tiefer eingegangen werden soll.

2.2.3 Dienstleistungsmarketing

Im Sinne einer marktorientierten Unternehmensführung läßt sich Marketing als Managementkonzept und als betriebliche Funktion interpretieren[19].

Als betriebliche Funktion hat das Marketing die Aufgabe, die Unternehmensleitung mit Informationen über die Wettbewerbssituation zu versorgen und das Marketingumfeld[20] auf Marketingchancen hin zu untersuchen. Des weiteren werden innerhalb der betrieblichen Funktion Marketingstrategien entwickelt, Marketingmaßnahmen durchgeführt und Aufgaben des Marketing-Controllings wahrgenommen.

Marketing als ein Leitkonzept des Managements versucht, alle Unternehmensaktivitäten sowohl am Kunden als auch am Wettbewerber

---

19 Man kann Marketing auch als eine wissenschaftliche Disziplin abgrenzen; dies soll hier jedoch nicht Gegenstand der Betrachtungen sein.

20 Der Begriff Marketingumfeld kennzeichnet die Gesamtheit aller Faktoren, die einen direkten oder indirekten Einfluß auf die Marketinginstrumente ausüben können. Diese können beispielsweise aus demographischen, volkswirtschaftlichen, technologischen, politischrechtlichen, soziokulturellen, naturgebundenen und unternehmensinternen Faktoren bestehen. Vgl. dazu Diller, Hermann (Hrsg.): Marketingumwelt, in: Vahlens großes Marketinglexikon, München: Vahlen 1992, S. 702.

2 Marketing in der Versicherungsbranche

auszurichten. Dieser Gedanke kann anhand des *strategischen Dreiecks* mit den drei Eckpunkten *Eigenes Unternehmen, Kunde* und *Konkurrenz* verdeutlicht werden (vgl. Abb. 2).[21] Es unterstreicht zum einen die Kundenorientierung als primäres Ziel in allen betrieblichen Funktion.[22] Zum anderen sieht man daran die Bedeutung der Konkurrenzbetrachtung, da der Kunde ein Produkt des eigenen Unternehmens nur dann kaufen wird, wenn er es im Vergleich zum Wettbewerber als besser oder günstiger ansieht.[23]

Anfang der 90er Jahre ist man in der Marketingwissenschaft dazu übergegangen, diese getrennten Sichtweisen synthetisch zu verbinden und Marketing als ein *duales Konzept der marktorientierten Unternehmensführung* zu interpretieren.[24] Zur Verdeutlichung wird der duale Charakter des Marketing in Abbildung 2 graphisch dargestellt.[25] Die betrieblichen Funktionen werden anhand der Wertkette von Porter erläutert, die in Kapitel 2.3.3 näher beschrieben wird. Dort wird auch gezeigt, wie mit Hilfe der Wertkette ein Wettbewerbsvorteil des eigenen Unternehmens gegenüber der Konkurrenz aufgebaut werden kann.

---

21 Vgl. Simon, Hermann: Wettbewerbsstrategien, Working Paper 03-91, hrsg. vom Lehrstuhl für BWL und Marketing der Johannes Gutenberg-Universität Mainz, S. 7.

22 Vgl. Albers, Sönke: Kundennähe, in: Vahlens großes Marketinglexikon, a. a. O., S. 589.

23 Vgl. Simon, Hermann: Wettbewerbsstrategien, Working Paper 03-91, a. a. O., S. 7 und dort erwähnt: Ohmae, K.: The Mind of the Strategist, New York: McGraw Hill 1982. Auf den hier angesprochenen strategischen Wettbewerbsvorteil wird noch in Kapitel 2.3.2 vertiefend eingegangen.

24 Vgl. Meffert, Heribert: Marketing (Grundlagen), in: Vahlens großes Marketinglexikon, a. a. O., S. 649 ff.

25 Eigene Darstellung unter Verwendung folgender Quellen: Meffert, Heribert: Marketing (Grundlagen), a. a. O., S. 650, Abb. 2; Simon, Hermann: Wettbewerbsstrategien, Working Paper 03-91, a. a. O., Abb. 1, Porter, Michael E.: Wettbewerbsvorteile: Spitzenleistungen erreichen und behaupten, Dt. Übers. von Angelika Jaeger, Frankfurt am Main: Campus-Verlag 1986, S. 62.

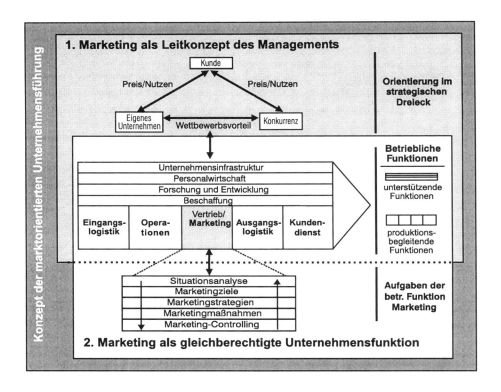

Abb. 2: Duales Konzept einer marktorientierten Unternehmensführung

In diesem umfassenden Marketingkonzept stellt das Dienstleistungsmarketing neben dem Konsumgütermarketing und dem Investitionsgütermarketing eine Teildisziplin dar. Das Investitionsgütermarketing befaßt sich im weitesten Sinne mit der Vermarktung und dem Wiedereinsatz von Produktionsfaktoren, die im industriellen Sektor zum Einsatz gelangen. Ein Merkmal des Investitionsgütermarketing ist die Erweiterung der Kundenorientierung durch eine Technologieorientierung. Das Konsumgütermarketing unterscheidet das konsumentengerichtete und das handelsgerichtete Marketing. Während man beim konsumentengerichteten Marketing versucht, den Konsumenten dahingehend zu beeinflussen, daß dieser beim Handel einen Nachfragesog ausübt (Pull-Marketing), ist man beim handelsgerichteten Marketing bemüht, durch Aktivitäten auf der Handelsebene, z. B. durch Schaffung von Anreizen wie Sonderkonditionen, einen Angebotsdruck zu erzeugen (Push-Marketing).[26]

Das Dienstleistungsmarketing befaßt sich mit der Vermarktung des breiten und heterogenen Spektrums immaterieller Leistungen. Es ist gekennzeichnet durch eine hohe Integration des externen Faktors in den Erstellungsprozeß der Dienstleistung sowie den intensiven Personaleinsatz, der durch das Zusammenfallen von Erstellung und Verbrauch bei den meisten Dienstleistungen entsteht.

Um eine permanent hohe Leistungsfähigkeit gewährleisten zu können, kommt der Qualifikation, Schulung und Motivation der Mitarbeiter daher große Bedeutung zu.[27] Aufgrund der Risikosituation, in der sich der Kunde wegen der fehlenden Bewertbarkeit der Dienstleistungsqualität vor der Erstellung befindet, ist es ebenfalls wichtig, daß die Faktoren, mit denen der Kunde in Kontakt kommt, Vertrauen und Professionalität ausstrahlen. Der Imageaufbau, das Vertrauen des Kunden in den Dienstleister oder in seine Marke, wird also in Verbindung mit der Mitarbeiterqualifikation zum tragenden Element eines Dienstleistungsanbieters.

Zusammenfassend ergeben sich drei Hauptanforderungen für das Dienstleistungsmarketing:

1. Konsequente Ausrichtung des Dienstleistungsangebotes am Kunden und an der Konkurrenz im Rahmen des strategischen Dreiecks,

---

26 Vgl. Meffert, Heribert: Marketing (Grundlagen), a. a. O., S. 651 ff.
27 Vgl. Meffert, Heribert; Bruhn, Manfred: Dienstleistungsmarketing: Grundlagen - Konzepte - Methoden, a. a. O., S. 289 und vgl. Kapitel 2.2.1.

2. Qualifikation und permanente Schulung der Mitarbeiter zur Aufrechterhaltung der Leistungsfähigkeit,

3. Marken- und Imageaufbau, um die Unsicherheit des Kunden bei der Qualitätsbeurteilung, die aufgrund der Immaterialität entsteht, abzubauen.

2.2.4 Das Marketing in der Versicherungsbranche

Versucht man die vorgenannten Anforderungen des Dienstleistungsmarketing auf die Versicherungsbranche zu übertragen, so trifft man auf einige Besonderheiten, die einerseits in der Versicherungsdienstleistung selbst und andererseits in der Struktur der Versicherungsbranche zu finden sind.

So kann beispielsweise ein Versicherer aufgrund der Immaterialität für eine neu entwickelte Versicherungsart keine Exklusivitätsrechte im Sinne von Patentrechten anmelden, um sich einen Vorsprung vor anderen Wettbewerbern zu sichern.[28] Des weiteren ergibt sich infolge staatlicher Aufsicht durch das Bundesaufsichtsamt für das Versicherungswesen, durch Gesetze und Verordnungen des Staates, sowie von der Versicherungswirtschaft gegründeter Verbände ein enger institutioneller Rahmen, innerhalb dessen sich das Versicherungsmarketing bewegen muß.[29]

---

28 Vgl. Kurtenbach, Wolfgang W.; Kühlmann, Knut; Käßer-Pawelka, Günter: Versicherungsmarketing: Eine praxisorientierte Einführung in das Marketing für Versicherungen und ergänzende Dienstleistungen, a. a. O., S. 18. Nach Auskunft des Deutschen Patentamtes können Geschäftsideen grundsätzlich keinem gewerblichen Schutzrecht zugeführt werden. Es ist allerdings zu prüfen, inwieweit das Urheberrecht für das geistige Eigentum greift. Vgl. Deutsches Patentamt, Informationsstelle, Tel. 030-25992-0 (Auskunft durch Frau Benker).

29 Vgl. Betsch, Oskar: Versicherungs-Marketing, in: Vahlens großes Marketinglexikon, a. a. O., S. 1241.

Bei einer Versicherung handelt es sich um eine „unattraktive" Ware ohne Erlebniswert, die zudem noch sehr erklärungsbedürftig ist. Der Kunde ist aufgrund seiner Informationspflicht bei Vertragsabschluß und im Versicherungsfall in hohem Maße als externer Faktor in den Dienstleistungsprozeß integriert. Dadurch kann ein beträchtlicher Beratungsbedarf von Seiten des Kunden entstehen, der durch qualifizierte und kompetente Mitarbeiter erfüllt werden muß. Der Mitarbeiter wird folglich zu einem entscheidenden Faktor für den Erfolg einer Versicherung.[30]

Die aufgeführten Besonderheiten der Versicherungsdienstleistung erschweren es einem Unternehmen, langfristig eine erfolgreiche Position im Wettbewerb einzunehmen. Aus diesem Grunde wird der Vertriebspolitik, also der Wahl des Absatzkanals, eine zentrale Bedeutung innerhalb des Versicherungsmarketing beigemessen. Die Vertriebspolitik der Versicherer kennt zwei Ausprägungen, den direkten und den indirekten Absatz.[31]

Der direkte Absatz, angewendet von Direktversicherungsunternehmen, erfolgt ohne zwischengeschalteten Vermittler in Form von zielgerichteter Kundenansprache. Man unterscheidet dabei das einstufige und das zwei- oder mehrstufige Verfahren.

Im einstufigen Verfahren wird dem Kunden ein vorgefertigtes Standard-Versicherungsangebot übermittelt. Bei dieser Form des Versicherungsvertriebs kommen infolge der fehlenden Kundenbefragung nur einfach gestaltete, leicht verständliche Versicherungsprodukte wie Urlaubskrankenversicherung oder Autoschutzbrief zum Tragen. Beim

---

30 Vgl. Meffert, Heribert; Bruhn, Manfred: Dienstleistungsmarketing: Grundlagen - Konzepte - Methoden, a. a. O., S. 289.
31 Vgl. Nickel-Waninger, H.: Versicherungsmarketing: auf der Grundlage des Marketing von Informationsprodukten, in: Veröffentlichungen des Seminars für Versicherungslehre der Universität Frankfurt am Main, Band 2, Hrsg.: Müller, W., Karlsruhe: Verlag Versicherungswirtschaft e.V. 1987, S. 198 ff.

zwei- oder mehrstufigen Verfahren erhält der Kunde nach einem ersten Gespräch, in dem die versicherungsrelevanten Daten des Kunden erfragt werden, in einem zweiten Schritt ein konkretes Versicherungsangebot unterbreitet. Dadurch kann eine höhere Flexibilität in der Angebotsgestaltung erreicht werden als bei der einmaligen Kundenansprache.[32] Beim mehrstufigen Verfahren können grundsätzlich alle Versicherungsarten vermittelt werden, es zeigt sich jedoch, daß standardisierte Angebote die Regel sind. Vor allem bei komplizierten Vorgängen, wie Baufinanzierungen oder der Beratung im Versicherungsfall, werden persönliches Gespräch und Beratungsqualität gewünscht.[33] Der demographischen Struktur des Kundenbestandes von Direktversicherern zufolge ist der typische Kunde männlich, im Alter von 30 bis 39 Jahre, verheiratet, Angestellter und zählt mit einem Haushalts-Nettoeinkommen von 4.000 bis 6.000 DM zur oberen sozialen Schicht (vgl. Tabelle 2 [34]).

Trotz aller Beachtung, die Direktversicherer erfahren, ist ihr Marktanteil und damit ihre Bedeutung für die Versicherungsbranche eher gering. Es kann zwar ein stetiges Wachstum nachgewiesen werden, dieses findet aber auf einem niedrigen Niveau statt.[35]

---

32 Vgl. Betsch, Oskar: Versicherungsvertrieb, in: Vahlens großes Marketinglexikon, a. a. O., S. 1244 f.

33 Einer Studie der Zürich Versicherung zufolge empfinden 70% der Befragten den fehlenden persönlichen Kontakt als negativ. Vgl. o. V.: Wie gut ist die Beratungsqualität bei Direktversicherern, in: Versicherungskaufmann 4/96, S. 42.

34 Quelle: Allianz Marketingforschung November 1995.

35 1994 betrug der Anteil aller Direktversicherer in der Sparte Lebensversicherung an den Beitragseinnahmen 2,96 %, der prozentuale Anteil stieg seit 1988 um 1,41 Prozentpunkte. Bei der Schaden-/Unfallversicherung betrug 1994 der Anteil aller Direktversicherer an den Beitragseinnahmen 4,54 %, der prozentuale Anteil stieg seit 1988 lediglich um 0,4 Prozentpunkte. Quelle: Allianz Marketingforschung November 1995.

2 Marketing in der Versicherungsbranche

Der in der Versicherungsbranche typische Vertriebsweg ist der indirekte Absatz. Im Gegensatz zum direkten Absatz erfolgt hier der Vertrieb durch einen Vertreter. Der Versicherungsvertreter ist nach § 84 HGB und § 92 HGB ein selbständiger Gewerbetreibender, der ständig damit betraut ist, Versicherungsverträge für einen Versicherer zu vermitteln (Vermittler) oder abzuschließen (Abschlußvertreter).[36] Der Versicherungsvertreter führt einen eigenen Kundenbestand, für den er verantwortlich ist und Provision und einen Ausgleichsanspruch erhält.[37] Abschlußvertreter bilden in der Praxis die Ausnahme.[38] Bei dieser Form des Handelsvertreters ist der Vertreter berechtigt, im Namen des Unternehmens Geschäfte abzuschließen. In der Versicherungsbranche bedeutet dies eine Prüfung des Risikos vor Vertragsabschluß, die Annahme des Antrages sowie die Regulierung eines Schadens durch den Vertreter.

---

36 Vgl. Koch, Peter; Weiss, Wieland (Hrsg.): Gabler-Versicherungslexikon, Wiesbaden: Gabler 1994, S. 957 f.

37 Aus Sicht des Versicherungsunternehmens ist während des Vertragsverhältnisses zwischen Vertreter und Versicherer der Kundenbestand dem Vertreter treuhänderisch überlassen. Bei Beendigung dieses Vertragsverhältnisses wird der Kundenbestand an das Versicherungsunternehmen übergeben. Dafür und für zukünftig entgehende Provision aus dem abgegebenen Kundenbestand erhält der Vermittler einen finanziellen Ausgleich, meist in Form einer Rentenzahlung. Vgl. Koch, Peter; Weiss, Wieland (Hrsg.): Gabler-Versicherungslexikon, a. a. O., S. 97 f.

38 Vgl. Farny, Dieter: Versicherungsbetriebslehre, 2., überarb. Aufl., Karlsruhe: VVW 1995, S. 122 f. Vgl. auch § 45 VVG und § 84 HGB.

	in %		in %
Geschlecht		**Alter**	
Männer	60	18 - 29 Jahre	11
Frauen	40	30 - 39 Jahre	24
		40 - 49 Jahre	21
		50 - 59 Jahre	22
		60 Jahre und älter	22
Schulbildung	in %	**Persönliches Nettoeinkommen**	in %
Volks-/Hauptschule	29	unter 1.500 DM	27
Mittlere Reife	23	1.500 bis unter 2.500 DM	28
Polytechnische Oberschule	13	2.500 bis unter 4.000 DM	28
Hochschulreife/Abitur	34	4.000 DM und mehr	17
Sonstiges	1		
Haushaltsgröße	in %	**Haushalts-Nettoeinkommen**	in %
1-Personenhaushalt	11	unter 1.500 DM	5
2-Personenhaushalt	40	1.500 bis unter 2.500 DM	15
3-Personenhaushalt	21	2.500 bis unter 4.000 DM	30
4 und mehr Personen	28	4.000 bis unter 6.000 DM	34
		6.000 DM und mehr	16
Wohnortregion (Einwohner)	in %	**Beruf**	in %
unter 5.000	10	Selbständige und Freie Berufe	9
5.000 bis unter 20.000	10	Leitende Beamte, Angestellte	6
20.000 bis unter 100.000	12	Sonstige Angestellte	39
Randzonen von Großstädten		Facharbeiter	9
unter 500.000	5	Sonstige Arbeiter	2
500.000 und mehr	12	Selbständige Landwirte	0
Großstadtgebiete		Rentner/Pensionäre	24
unter 500.000	12	Hausfrauen	5
500.000 und mehr	39	Schüler/Student/Lehrling/Sonst.	6
Soziale Schichten	in %		
(Stufung: Einkommen, Beruf, Bildung)			
I (Obere Schicht)	33		
II	23		
III	27		
IV	12		
V (Untere Schicht)	5		

Tab. 2: Demographische Struktur der Versicherten von Direktversicherungsunternehmen 1994

2 Marketing in der Versicherungsbranche

Von den vorgenannten Vertretern sind Versicherungsvermittler aufgrund ihrer rechtlichen und faktischen Abhängigkeit vom Unternehmen und wegen der Anzahl der Unternehmen, die sie vertreten (Einfirmen-/Mehrfirmenvermittler), zu unterschieden. Mehrfirmenvermittler sind für verschiedene Versicherungsunternehmen tätig. Dabei kann unterschieden werden, ob ein Mehrfirmenvermittler innerhalb einer Versicherungssparte ausschließlich für einen, branchenübergreifend aber für mehrere Versicherer Verträge vermittelt oder ob er auch innerhalb einzelner Sparten für verschiedene Unternehmen tätig ist. Ist letzteres der Fall, handelt es sich um einen Versicherungsmakler. Ein solcher Versicherungsmakler hat keine feste vertragliche Bindung zu den jeweiligen Versicherungsunternehmen, er ist lediglich Beauftragter des Unternehmens.[39]

Abschließend sind noch der Nebenberufsvermittler und der angestellte Außendienst zu nennen, auf die hier wegen ihrer geringen Bedeutung nicht näher eingegangen werden soll. Statistische Erhebungen zeigen, daß der selbständige Versicherungsvermittler, der ausschließlich für ein Unternehmen Versicherungen vermittelt, das vorherrschende Absatzorgan der Versicherungsbranche darstellt.[40]

Die folgende Abbildung 3 faßt die möglichen Vertriebswege eines Versicherungsunternehmens zusammen.

---

39 Vgl. Müller-Lutz, Heinz L.: Einführung in das Organisationswesen des Versicherungs-Betriebes, in: Grundbegriffe der Versicherungs-Betriebslehre, Band 1, 4., völlig neubearbeitete Auflage, Karlsruhe: VVW 1984, S.30. Vgl. auch § 93 ff. HGB.

40 Vgl. Betsch, Oskar: Versicherungsvertrieb, in: Vahlens großes Marketinglexikon, a. a. O., S. 1244. Danach wurden 1990 ca. 70% aller Versicherungen über den Einfirmenvertreter verkauft.

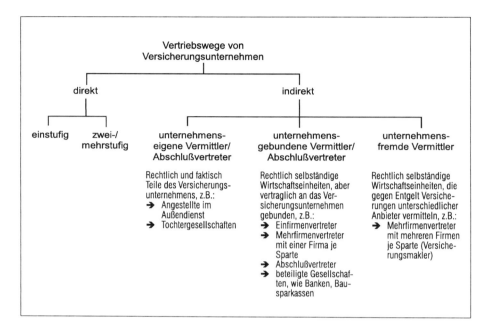

Abb. 3: Möglichkeiten des Versicherungsvertriebs

„Der Absatz bildet in einer marktwirtschaftlichen Versicherungswirtschaft die bedeutendste betriebswirtschaftliche Funktion, da er im Regelfall den Engpaß für die Gesamtheit der wirtschaftlichen Aktivitäten des Versicherungsunternehmens darstellt."[41] Dies wird durch die Tatsache verdeutlicht, daß ein Kunde bei Abschluß einer Versicherung nicht nur das Versicherungsunternehmen bewertet, sondern auch seine Erfahrungen mit dem Vermittler in die Entscheidung einfließen läßt. Versicherer und Vermittler werden daher als Einheit wahrgenommen, mit dem der Kunde in Berührung kommt.[42]

---

41 Vgl. Farny, Dieter: Versicherungsbetriebslehre, a. a. O., S. 573.
42 Ein weiteres Argument für diese Sichtweise ist die enge vertragliche Verknüpfung zwischen Vermittler und Versicherungsunternehmen.

2 Marketing in der Versicherungsbranche

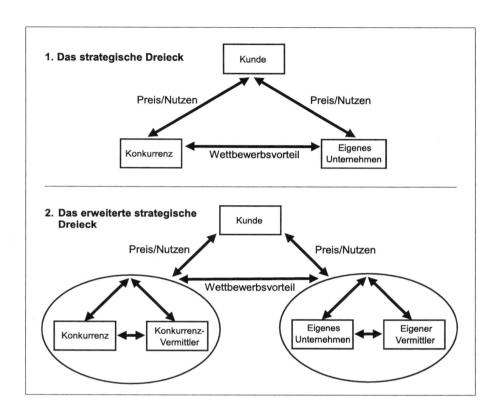

Abb. 4: Erweiterung des strategischen Dreiecks für die Versicherungsbranche

Der Bedeutung des Vermittlers entsprechend soll das im vorherigen Kapitel angesprochene strategische Dreieck aus dem Konzept der marktorientierten Unternehmensführung um die Position des Vermittlers erweitert werden. Die Beziehung Kunde–Unternehmen kann dabei in Form von Werbung und Öffentlichkeitsarbeit erfolgen, die Beziehung Kunde–Vermittler zusätzlich durch persönlichen Kontakt.[43]

---

[43] Es sei darauf hingewiesen, daß der Kunde in Ausnahmefällen auch mit dem Versicherungsunternehmen in Kontakt kommen kann. Hier soll aber der Regelfall betrachtet werden, und dies ist der unmittelbare Kontakt zwischen Vermittler und Kunde.

Auch die Beziehung Eigenes Unternehmen–Konkurrenz muß aufgrund dieser Erweiterung neu definiert werden. Der Vergleich findet nun nicht mehr zwischen einzelnen Versicherungsunternehmen statt, vielmehr muß auch der jeweilige Außendienst in den Vergleich einbezogen werden. Das so entstandene Modell bildet die Ausgangsbasis für alle weiteren Überlegungen des vorliegenden Buches (vgl. Abbildung 4).

2.3 Ansätze des strategischen Managements

2.3.1 Die generischen Wettbewerbsstrategien

Mit Hilfe einer Wettbewerbsstrategie versucht ein Unternehmen, sich innerhalb der Branche günstig und dauerhaft zu plazieren.[44] Beeinflußt wird die Wettbewerbsstrategie auf der einen Seite durch die Branchenstruktur, auf der anderen Seite durch die relative Position im Vergleich zu den Konkurrenten. Die Branchenstruktur wird dabei von fünf Marktkräften bestimmt: Die Verhandlungsstärke von Abnehmern und Lieferanten, die Bedrohung durch neue Konkurrenten, der Gefahr durch Substitutionsprodukte und dem Grad der Rivalität zwischen existierenden Wettbewerbern.[45] Der Zweck der Wettbewerbsstrategie liegt darin, eine Position zu finden, in der man das Unternehmen am besten gegen die Marktkräfte schützen oder sie zugunsten des Unternehmens beeinflussen kann. Der Vergleich mit den Konkurrenten kann mit Hilfe des strategischen Dreiecks erfolgen, wobei es maßgeb-

---

44 Vgl. Porter, Michael E.: Wettbewerbsstrategie: Methoden zur Analyse von Branchen u. Konkurrenten = (Competitive Strategy), Dt. Übers. von Volker Brandt u. Thomas C. Schwoerer, 4. Aufl., Frankfurt/M.; New York: Campus Verlag, 1987, S. 62 ff.

45 Vgl. Porter, Michael E.: Wettbewerbsstrategie: Methoden zur Analyse von Branchen u. Konkurrenten, a. a. O., S. 27 ff.

lich darauf ankommt, nicht nur in objektiv-technischer Hinsicht, sondern auch in der Wahrnehmung des Kunden besser zu sein.[46]

Um die geeignete Wettbewerbsstrategie zu finden, muß ein Unternehmen zwei grundlegende Fragen beantworten:[47]

1. Wo wollen wir konkurrieren?

2. Wie wollen wir konkurrieren?

Die erste Frage wird durch die Definition des Zielmarktes beantwortet. Ein Unternehmen kann sich in einem Teilmarkt (Segment) oder im Gesamtmarkt engagieren. Die zweite Frage bezieht sich auf die Konkurrenz und wie man sich von ihr unterscheiden will. Die Verknüpfung beider Fragen führt zu den drei generischen Wettbewerbsstrategien nach Porter:

- Kostenführerschaft

- Differenzierung

- Konzentration auf Schwerpunkte oder Fokusstrategie

Bei den generischen Wettbewerbsstrategien muß allerdings auf deren idealtypischen Charakter hingewiesen werden. Porter ist zwar der Meinung, daß ein Unternehmen, welches weder Differenzierung noch Kostenführerschaft ausschließlich verfolgt, „zwischen den Stühlen" hängt und enorme Anstrengungen unternehmen muß, um eine der Strategien umsetzen zu können.[48] Gerade die jüngere Vergangenheit

---

46 Vgl. dazu Kapitel 2.2.3 und Kapitel 2.2.4 mit den Erläuterungen zum strategischen Dreieck.

47 Vgl. Simon, Hermann: Wettbewerbsstrategien, Working Paper 03-91, a. a. O., S. 12.

48 Vgl. Porter, Michael E.: Wettbewerbsstrategie: Methoden zur Analyse von Branchen u. Konkurrenten, a. a. O., S. 71 ff. Porter leitet einen U-förmigen Zusammenhang zwischen Marktanteil und Rentabilität ab, wobei die Maxima

zeigt aber, daß viele Unternehmen versuchen, beide Strategietypen zu verbinden. Als erfolgreiche Beispiele können hier das Modell Lexus des japanischen Automobilherstellers Toyota oder der Brillenhersteller Fielmann dienen.

1. Kostenführungsstrategie

Mit dieser Strategie versucht ein Unternehmen innerhalb einer Branche eine vergleichbare Leistung billiger als die Konkurrenz anzubieten. Dabei ist wichtig, daß die Basis für die Differenzierung nicht außer acht gelassen werden darf. Wird das Produkt des Kostenführers nicht als ähnlich gleichwertig wie das des Branchendurchschnitts angesehen, ist dieser gezwungen, seine Preise zur Umsatzsteigerung deutlich unter die der Konkurrenten zu senken. Dadurch werden aber Kostenvorteile aufgezehrt.[49]

Auf das Dienstleistungsmarketing bezogen muß die Kostenführerstrategie kritisch hinterfragt werden.[50] Die kostensenkenden und produktivitätsfördernden Effekte einer Automation und Standardisierung bei objektbezogenen Dienstleistungen wie z. B. Autowaschstraßen oder Kontoführung sind unbestritten. Mit ansteigendem Integrationsgrad des externen Faktors Mensch in den Erstellungsprozeß und dessen zunehmender Differenzierung und Individualisierung der Bedürfnisse wird eine Standardisierung aber immer schwieriger.[51] Der aus der In-

---

    entweder die Differenzierung oder die Kostenführerschaft widerspiegeln und ein Unternehmen im Minimum sich zwischen den Stühlen („stuck in the middle") befindet.

49 Vgl. Porter, Michael E.: Wettbewerbsstrategie: Methoden zur Analyse von Branchen u. Konkurrenten, a. a. O., S. 63 ff.

50 Vgl. Meffert, Heribert; Bruhn, Manfred: Dienstleistungsmarketing: Grundlagen - Konzepte - Methoden, a. a. O., S. 173 f.

51 Meffert verweist darauf, daß mittelfristige Prognosen für den Finanzdienstleistungsbereich davon ausgehen, daß reine Selbstbedienungsfilialen gegenüber solchen mit personalgestützten Beratungsunternehmen in der Minderzahl blei-

tegration des Menschen entstehende personalintensive und individualistische Charakter des Dienstleistungsprozesses erschwert die Standardisierung, was gerade bei Versicherungen entscheidend zum Tragen kommt.

Alle Versicherer, unabhängig ob Direktversicherer oder Versicherer mit Außendienst, versuchen durch Rationalisierung der Prozesse in der Verwaltung Kosten einzusparen. Direktversicherer verzichten darüber hinaus auf den kostenintensiven Außendienst und bieten weitestgehend standardisierte Versicherungen an, wodurch sie ihre Versicherungsprodukte im Vergleich günstiger anbieten können. Sie verfolgen also die Strategie der Kostenführerschaft. Die Qualität des Versicherungsschutzversprechens in Form eines sachlich angemessenen Deckungsumfangs und der Gewährleistung einer hinreichend hohen Erfüllungssicherheit im Versicherungsfall darf dabei nicht gefährdet sein. „So findet eine langfristige Preisführerstrategie, die über die Weitergabe von Verwaltungs- und Vertriebskostenvorteilen hinausgeht, ihre Grenzen in der gesamtunternehmungsbezogenen versicherungstechnischen Qualität des Schutzversprechens."[52]

Die Kostenführungsstrategie sollte immer vor dem Hintergrund der Kundenbindung in Frage gestellt werden. Zwar kann auch eine Strategie der Kostenführerschaft mit den damit verbundenen Preisvorteilen die Kundenzufriedenheit erhöhen, Kostenvorteile sind jedoch in der

---

ben werden. Vgl. Meffert, Heribert; Bruhn, Manfred: Dienstleistungsmarketing: Grundlagen - Konzepte - Methoden, a. a. O., S. 173.

52 Schradin, Heinrich R.: Erfolgsorientiertes Versicherungsmanagement: betriebswirtschaftliche Steuerungskonzepte auf risikotheoretischer Grundlage, in: Veröffentlichungen des Instituts für Versicherungswirtschaft der Universität Mannheim, Band 43, Hrsg.: Albrecht, P.; Lorenz, E., Karlsruhe: VVW 1994, S. 152. Hier wird die Preisführerstrategie der Kostenführerstrategie gleichgesetzt, da die niedrigeren Kosten in günstigere Preise umgesetzt werden können und so eine Preisführerschaft erreicht werden kann.

Regel leicht imitierbar und somit nicht von langer Dauer.[53] Weitere Risiken liegen in der geringen Flexibilität, notwendige Produkt- und Marketingänderungen zu erkennen, wenn die Aufmerksamkeit zu stark auf die Kosten gerichtet ist. Gerade bei den individuellen Dienstleistungen mit stetig sich ändernden Kundenanforderungen ist die Kostenführerstrategie schwierig und nur mit erheblichen Risiken zu verwirklichen.

2. Differenzierungsstrategie

Mit Hilfe der Differenzierungsstrategie versucht ein Unternehmen, ein in der Branche als einzigartig empfundenes Produkt anzubieten und damit einen höheren Preis durchzusetzen.[54] Eine erfolgreiche Differenzierung festigt oder baut die strategische Position innerhalb der fünf Marktkräfte aus. Parallel mit dem Bemühen um Differenzierung geht meist ein entsprechender Markenaufbau einher, um die Differenzierungsvorteile für den Kunden deutlich zu machen.[55]

Für den Dienstleistungsbereich wird im folgenden zwischen der *primären* und der *sekundären* Dienstleistung unterschieden. Die primäre Dienstleistung stellt die Kernleistung des Dienstleistungsanbieters dar, also die Beförderung von A nach B, die Führung eines Girokontos oder die Beratung eines Unternehmens. Je homogener der Kunde das jeweilige Dienstleistungsangebot empfindet, desto schwerer ist es für

---

53 Vgl. Nitsche, Michael: Aspekte der Kundenzufriedenheit in der Versicherungswirtschaft, in: Versicherung, Risiko und Internationalisierung: Herausforderung für Unternehmensführung und Politik; Festschrift für Heinrich Stremnitzer zum 60. Geburtstag, Hrsg.: Mugler, Josef; Nitsche, Michael, Wien: Linde 1996, S. 133 ff. Zur Kundenzufriedenheit siehe auch Kapitel 2.3.4.

54 Vgl. Porter, Michael E.: Wettbewerbsstrategie: Methoden zur Analyse von Branchen u. Konkurrenten, a. a. O., S. 65 f.

55 Beispiele für erfolgreiche Differenzierungsvorhaben sind IBM im Image, Cray-Computer in der Technologie, Caterpillar im Service oder Bang & Olufson im Design.

ein Unternehmen, hier Ansätze zur Differenzierung zu finden. Als Konsequenz daraus gerät der Prozeß der Dienstleistungserstellung immer mehr in den Mittelpunkt der Betrachtung. Hier bieten sich Differenzierungsansätze in Form des sekundären Dienstleistungsangebotes, z. B. im Grad des Komforts bei der Beförderung von A nach B, die Möglichkeit der Kontoführung per Telefon und Computer oder das betont seriöse Auftreten des Beraters bei Präsentationen, um dem professionellen Anspruch Ausdruck zu verleihen. Auch hier ist eine leichte Kopierbarkeit gegeben, jedoch bieten sich in der Regel bedeutend mehr Ansatzpunkte zur Differenzierung als bei der Kernleistung. Aus der Kopierbarkeit folgt weiterhin die zeitliche Befristung des Differenzierungsvorteils; als Folge ist das Unternehmen zu ständigen Innovationen gezwungen.[56]

Aufgrund des fehlenden Patentschutzes differieren die Versicherungskernleistungen der einzelnen Anbieter kaum. Die Differenzierungsstrategie der Versicherungsunternehmen zielt daher auf die kunden(gruppen) bezogene Serviceorientierung. „Im Mittelpunkt einer umfassenden Serviceorientierung steht dabei die individuelle und bedarfsgerechte Kundenbetreuung, angefangen von der Beratung und dem Verkauf der Versicherungsprodukte, fortgesetzt im Rahmen der laufenden Betreuung der Versicherungsnehmer und schließlich bei der Schadenregulierung."[57] Die auftretenden Kosten durch den intensiven Personaleinsatz gehen in die Versicherungsprämie ein. Der Kunde muß also den Nutzen dieser Serviceorientierung erkennen und bereit sein, die höhere Prämie zu bezahlen.

---

56 Vgl. Bieberstein, Ingo: Dienstleistungs-Marketing, in: Modernes Marketing für Studium und Praxis, Hrsg.: Weis, Hans Christian, Ludwigshafen (Rhein): Kiehl 1995, S. 152.

57 Schradin, Heinrich R.: Erfolgsorientiertes Versicherungsmanagement: betriebswirtschaftliche Steuerungskonzepte auf risikotheoretischer Grundlage, a. a. O., S. 152 f.

Ein weiterer Differenzierungsansatz liegt in der Breite des angebotenen Versicherungsprogramms. Im Gegensatz zu Kostenführer-Unternehmen mit standardisierten Kernleistungen können Unternehmen, die eine Differenzierungsstrategie verfolgen, bedarfsgerechter anbieten und so eine breitere Kundenbasis erreichen.[58] Schließlich können Versicherungsvermittler auch mit versicherungsfremden Dienstleistungen betraut werden, die in einem engen Zusammenhang mit der Versicherungsdienstleistung stehen, beispielsweise mit der Vermittlung eines Fondsgeschäft bei Ablauf einer Lebensversicherung.[59]

Die Risiken bei der Differenzierung liegen hauptsächlich bei der Entwicklung der Kosten. Wird der Preis des Produktes aufgrund der Differenzierung so hoch, daß der Kunde diesen zu zahlen nicht mehr bereit ist, wird der Differenzierungsvorteil vernichtet. Auch preiswerte Imitationen, die der Kunde als gleichwertig ansieht, können den Differenzierungsvorteil reduzieren oder aufheben.

3. Fokusstrategie

Verfolgen Unternehmen mit den umfassenden Strategien der Kostenführerschaft und der Differenzierung das Ziel, die Wettbewerbsposition in einem Gesamtmarkt zu verbessern, so versuchen Unternehmen mittels der Fokusstrategie das gleiche Ziel zu erreichen, nur begrenzt auf einen Teilmarkt oder ein Segment. „Die Strategie beruht auf der Prämisse, daß das Unternehmen sein eng begrenztes strategisches Ziel

---

58 Hier taucht ein versicherungstechnisches Problem auf: Mit der Individualität der Versicherungsleistung steigt der Grad der Inhomogenität des Risikokollektivs. Damit wird die Identifikation der Risiken und die Herbeiführung eines planvollen Risikoausgleichs erschwert. Vgl. Schradin, Heinrich R.: Erfolgsorientiertes Versicherungsmanagement: betriebswirtschaftliche Steuerungskonzepte auf risikotheoretischer Grundlage, a. a. O., S. 153.

59 Vgl. Benölken, Heinz; Greipel, Peter: Dienstleistungsmanagement: Service als strategische Erfolgsposition, 2. Aufl., Wiesbaden: Gabler 1994, S. 126.

2 Marketing in der Versicherungsbranche

wirkungsvoller oder effizienter erreichen kann als Konkurrenten, die sich im breiteren Wettbewerb befinden"[60].

Auch in der Versicherungsbranche kann die Fokusstrategie verfolgt werden, wobei es immer einer Abgrenzung des zu betrachtenden Marktes bedarf. Beispielsweise sind viele Versicherer, teils aus historischen Gründen, teils aus bewußt verfolgter Strategie, nur regional vertreten (z. B. Brandkassen). Viele Versicherer spezialisieren sich aber auf einzelne Versicherungssparten wie Technik- oder Industrieversicherungen (z. B. Tela Versicherung).

Risiken bei der Fokusstrategie liegen hauptsächlich darin, daß sich der Anspruch an das spezialisierte Produkt so verringern kann, daß dieser auch von einem Produkt des Gesamtmarkts befriedigt werden kann.

In Tabelle 3 werden die drei generischen Wettbewerbsstrategien für den Versicherungsbereich zusammengefaßt.[61]

Ort des Wettbewerbs	dominierender Wettbewerbsparameter	
	Serviceführerschaft	**Prämienführerschaft**
branchenweit	Individualität der Kernleistung und hohe Beratungs- und Betreuungsqualität	Preisvorteil bei ausreichender Kernleistung
segmentspezifisch	Konzentration auf Schwerpunkte	

Tab. 3: Die generischen Wetbewerbstrategien (Versicherungsbranche)

---

60 Vgl. Porter, Michael E.: Wettbewerbsstrategie: Methoden zur Analyse von Branchen u. Konkurrenten, a. a. O., S. 67.

61 In Anlehnung an Schradin, Heinrich R.: Erfolgsorientiertes Versicherungsmanagement: betriebswirtschaftliche Steuerungskonzepte auf risikotheoretischer Grundlage, a. a. O., S. 154.

2.3.2 Der strategische Wettbewerbsvorteil

Basis für den Erfolg einer Wettbewerbsstrategie ist ein *strategischer Wettbewerbsvorteil*. Ein strategischer Wettbewerbsvorteil ist definiert als eine im Vergleich zum Wettbewerber als überlegen empfundene Leistung eines Unternehmens und muß drei Bedingungen erfüllen.[62] Erstens muß der Vorteil für den Kunden *wichtig* sein. Hat ein Unternehmen im Vergleich zu seinen Konkurrenten einen Vorteil, der den Kunden nicht interessiert, so wird der Kunde nicht aufgrund dieses vermeintlichen Vorteils dieses Unternehmen einem anderen vorziehen.

Dasselbe gilt für das zweite Kriterium; der Wettbewerbsvorteil muß *wahrgenommen* werden. Hier liegt ein wichtiger Ansatzpunkt für ein Unternehmen mit einem Wettbewerbsvorteil: Es muß ihn kommunizieren. Beispielsweise hat der Automobilhersteller Audi schon frühzeitig ein Sicherheitskonzept namens ProconTen in seine Fahrzeuge installiert, es aber versäumt, dieses gegenüber vergleichbaren Konkurrenten bessere Konzept entsprechend zu kommunizieren. Befragte man in dieser Zeit Kunden nach dem ProconTen-System, so konnten nur die wenigsten etwas damit anfangen. Drittens muß ein Wettbewerbsvorteil *dauerhaft* sein, das heißt, er darf nicht innerhalb kurzer Zeit von der Konkurrenz eingeholt werden.

Bei der Kostenführerstrategie tritt der Wettbewerbsvorteil durch einen im Vergleich zur Konkurrenz niedrigeren Preis bei ansonsten vergleichbaren Leistungsmerkmalen auf. Der Wettbewerbsvorteil bei der Differenzierungsstrategie ist vielfältiger. Bei Versicherungen kann er bspw. in einem ausgedehnten Vermittlernetz, gut ausgebildeten Vermittlern und deren kompetenten Beratung, in einer schnellen Schadenregulierung oder in einem breiten Versicherungsangebot liegen.

---

62 Vgl. Simon, Hermann: Wettbewerbsstrategien, Working Paper 03-91, a. a. O., S. 8.

Man geht davon aus, daß langfristig ein Unternehmen in einem Wettbewerb nur überleben kann, wenn es über mindestens einen Wettbewerbsvorteil verfügt.[63] Die große Zahl an Unternehmen ohne konkreten Wettbewerbsvorteil in der Praxis scheint aber zu zeigen, daß zumindest mittelfristig ein Überleben ohne Wettbewerbsvorteil möglich ist.[64]

2.3.3 Der Wertkettenansatz

Als Instrument zum Aufspüren von Wettbewerbsvorteilsansätzen hat Porter 1982 die Wertkettenanalyse vorgeschlagen.[65] Wettbewerbsvorteile können in den unterschiedlichsten betrieblichen Funktionen entstehen. Um Ansätze für einen Wettbewerbsvorteil zu entdecken, darf das Unternehmen nicht als Ganzes, sondern muß in den einzelnen Bestandteilen betrachtet werden. „Die Wertkette gliedert ein Unternehmen in strategisch relevante Tätigkeiten, um dadurch Kostenverhalten sowie vorhandene und potentielle Differenzierungsquellen zu verstehen." (vgl. Abbildung 5)[66]

---

63 Vgl. Simon, Hermann: Wettbewerbsstrategien, Working Paper 03-91, a. a. O., S. 8. Simon zeigt zu diesem „Überlebensprinzip" eine interessante Analogie aus der Evolutionstheorie auf, das „Gesetz des gegenseitigen Ausschlusses" von Gause. Diesem Gesetz zufolge kann eine Spezies nur überleben, wenn sie zumindest eine lebenswichtige Aktivität besser beherrscht als seine Feinde.

64 In einer von Simon durchgeführten Studie gaben 60,4% von 157 befragten Führungskräften an, sie verfügten über keinen strategischen Wettbewerbsvorteil. Vgl. Simon, Hermann: Wettbewerbsstrategien, Working Paper 03-91, a. a. O., S. 9. Es ist jedoch anzunehmen, daß die befragten Unternehmen eher mittlere und kleine Marktanteile besitzen, so daß das Überlebensprinzip dahingehend abgewandelt werden kann, daß zum Behaupten einer Spitzenposition innerhalb eines Wettbewerbs ein Wettbewerbsvorteil notwendig ist.

65 Porter, Michael E.: Wettbewerbsvorteile, a. a. O., S. 58.

66 Porter, Michael E.: Wettbewerbsvorteile, a. a. O., S. 59 und 62.

Die Wertkette setzt sich zusammen aus der *Gewinnspanne* und den *Wertaktivitäten*. Die Gewinnspanne ist die Differenz aus Gesamtwert der Wertaktivitäten und den entstandenen Kosten bei deren Ausführung. Die Wertaktivitäten werden in die *primären* und die *unterstützenden* Aktivitäten unterteilt. Die primären Aktivitäten befassen sich mit der physischen Herstellung eines Produktes, dessen Verkauf und Lieferung an den Kunden sowie den Kundendienst. Die unterstützenden Tätigkeiten stellen sicher, daß die primären Tätigkeiten ihre Funktion erfüllen können. Dazu gehören die Unternehmensbereiche Beschaffung, Forschung und Entwicklung, Personalwirtschaft und übergeordnet, die Unternehmensinfrastruktur.

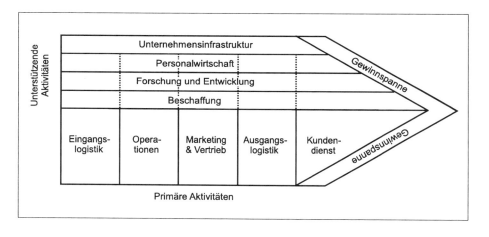

Abb. 5: Die klassische Wertkette nach Porter

Um alle potentiellen Wettbewerbsvorteile aufzuzeigen, reicht die isolierte Betrachtung einer Unternehmenswertkette nicht aus. Vielmehr muß die Wertkette eines Unternehmens auch im Zusammenhang mit den Wertketten anderer am Herstellungsprozeß beteiligter Unternehmen betrachtet werden und gegebenenfalls nach diesen ausgerichtet

2 Marketing in der Versicherungsbranche

werden. Dieses System, von Porter *Wertsystem* genannt, ist von Branche zu Branche unterschiedlich (vgl. Abbildung 6).[67]

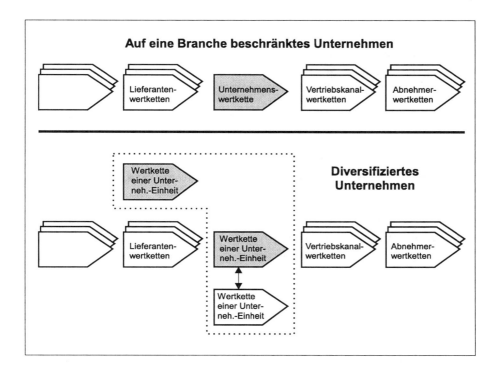

Abb. 6: Das Wertsystem nach Porter

Im folgenden soll Porters Wertkettenansatz auf die Situation in der Versicherungsbranche, speziell für ein Versicherungsunternehmen mit selbständigem Außendienst zu übertragen werden. Wie in Kapitel 2.2.1 gezeigt, geht bei einer Versicherung der Absatz der Produktion sachlich und zeitlich voraus. Aus diesem Grund werden, abweichend zu in der Literatur diskutierten Modellen, Elemente aus dem Wertkettenansatz in ein neues Modell überführt. Meffert beispielsweise hat die

---

67 Porter, Michael E.: Wettbewerbsvorteile, a. a. O., S. 60.

Wertkette und das Wertsystem auf die Situation in der Versicherungsbranche übertragen.[68] Er sieht den Versicherungsaußendienst als Teil der Wertkette des Versicherungsunternehmens.

Es soll nun ein Modell entwickelt werden, das die besondere Bedeutung des selbständigen Versicherungsaußendienstes innerhalb der Branche berücksichtigt. Dazu wird die Wertkette des selbständigen Versicherungsvermittlers zwischen die Wertkette des Versicherungsunternehmens und die des Abnehmers, also des Versicherungskunden gestellt. Im folgenden wird davon ausgegangen, daß entgegen der ursprünglichen Sichtweise Porters, hier ein gegenläufiges Wertsystem zugrundegelegt werden kann. Ursache hierfür ist die Tatsache, daß der Vermittler zuerst über die Akquise mit dem Kunden in Kontakt kommt und mit ihm den Versicherungsantrag ausfüllt. Daraufhin fängt das Versicherungsunternehmen an, den Versicherungsschutz über die Anlage der Gelder aus den Beitragseinnahmen zu produzieren. Schließlich, im Versicherungsfall, kommt der Vermittler wieder mit dem Kunden in Kontakt, indem er ihn bei der Bearbeitung unterstützt.[69] Der Kunde ist, abgesehen von der Investition der Prämien zur Gewährleistung des Versicherungsschutzes, in jeder Phase in den Dienstleistungsprozeß integriert. Das Wertsystem in der Versicherungsbranche kann in Anlehnung an Porter wie in Abbildung 7 dargestellt aussehen.[70]

---

68 Vgl. Meffert, Heribert; Bruhn, Manfred: Dienstleistungsmarketing: Grundlagen - Konzepte - Methoden, a. a. O., S. 137.

69 Dieser Prozeß ist idealtypisch zu sehen. Der Kunde hat immer auch die Möglichkeit, sich direkt an das Versicherungsunternehmen zu wenden.

70 Eigene Darstellung nach Porter, Michael E.: Wettbewerbsvorteile, a. a. O., S. 75 und Meffert, Heribert; Bruhn, Manfred: Dienstleistungsmarketing: Grundlagen - Konzepte - Methoden, a. a. O., S. 137. Der Vollständigkeit wegen wurden die Wertketten von Rückversicherer und Retrozessionär mit aufgenommen; sie sind für eine Betrachtung der Beziehung Kunde - Unternehmen - Vertreter jedoch nicht relevant.

2 Marketing in der Versicherungsbranche 45

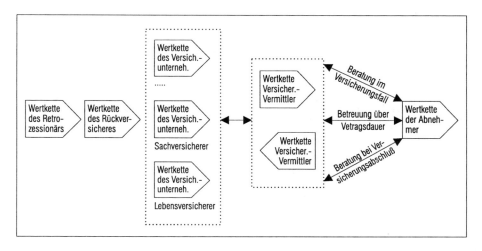

Abb. 7: Das Wertsystem in der Versicherungsbranche

Die Anwendung der Wertkettenanalyse an Versicherungsunternehmen und Vermittler wird in Abbildung 8 gezeigt.[71] Anhand dieser angepaßten Wertketten können nun die einzelnen Wertaktivitäten und die Beziehung der Wertketten untereinander nach Ansätzen zur Differenzierung und zur Kosteneinsparung hin untersucht werden.

---

71 Eigene Darstellung in Anlehnung an Porter, Michael E.: Wettbewerbsvorteile, a. a. O., S. 75 und Meffert, Heribert; Bruhn, Manfred: Dienstleistungsmarketing: Grundlagen - Konzepte - Methoden, a. a. O., S. 137. Zur weiteren Verwendung der Wertkettenanalyse sei auf Kapitel 4.3.1 und 4.4.1 verwiesen.

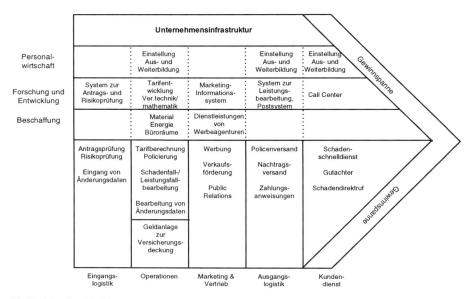

Die Wertkette eines Versicherungsunternehmens

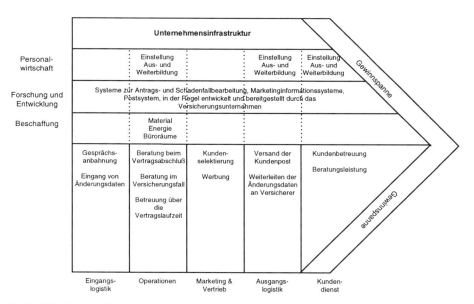

Die Wertkette eines selbständigen Versicherungsvertreters

Abb. 8: Die Wertketten eines Versicherungsunternehmens und eines selbständigen Versicherungsvertreters in Anlehnung an Porter

2.3.4 Kundenbindung in der Versicherungsbranche

Ziel einer Unternehmensstrategie sollte sein, neue Kunden zu gewinnen und bestehende Kunden langfristig an das Unternehmen zu binden. In der Versicherungsbranche kommt der Kundenbindung besondere Bedeutung zu. Die traditionelle, fast selbstverständliche Bindung des Kunden an das Versicherungsunternehmen von der ersten Hausratversicherung in jungen Jahren bis zur Rentenversicherung ist nicht mehr gegeben. Dies ist zum einen auf das gestiegene Bildungsniveau und die damit verbundene kritische Betrachtung der Preis-Leistungssensibilität zurückzuführen. Zum anderen wird die Abwanderung des Kunden nicht zuletzt durch die Vielzahl an Versicherungsunternehmen und das zunehmende Aufkommen ausländischer Versicherungsunternehmen erleichtert.[72] Vor diesem Hintergrund soll im folgenden die Kundenbindung als Hauptziel einer Differenzierungsstrategie für ein Versicherungsunternehmen herausgestellt werden.

Beim Gebrauch eines Produktes oder einer Dienstleistung vergleicht ein Konsument die wahrgenommene Leistung (*Ist-Leistung*) mit der erwarteten Leistung (*Soll-Leistung*). Kundenzufriedenheit ist demnach die Differenz von Soll-Leistung und Ist-Leistung.[73]

Eine positive Differenz führt zur Zufriedenheit und erhöht den Grad der Kundenbindung und damit die Wahrscheinlichkeit des Wiederkaufs. Zufriedene Kunden verringern zusätzlich den Betreuungsaufwand und die dadurch entstehenden Kosten.

---

[72] Vgl. Kurtenbach, Wolfgang W.; Kühlmann, Knut; Käßer-Pawelka, Günter: Versicherungsmarketing: Eine praxisorientierte Einführung in das Marketing für Versicherungen und ergänzende Dienstleistungen, a. a. O., S. 49 f. In Deutschland unterstehen rund 700 deutsche Versicherungsunternehmen dem BAV, hinzu kommen noch etwa 100 ausländische Versicherer.

[73] Vgl. Simon, Hermann; Homburg, Christian (Hrsg.): Kundenzufriedenheit: Konzepte - Methoden - Erfahrungen, Wiesbaden: Gabler 1995, S. 31.

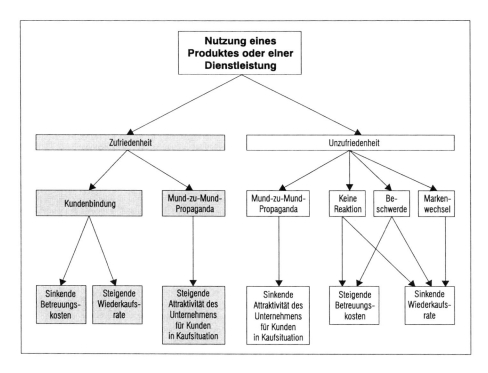

Abb. 9: Mögliche Auswirkungen von Unzufriedenheit und Zufriedenheit eines Kunden nach der Nutzung eines Produktes oder einer Dienstleistung[74]

Eine negative Differenz führt zu Unzufriedenheit und kann neben einer ausbleibenden Reaktion Konsequenzen mit sich bringen wie Beschwerde oder sogar Markenwechsel des Kunden. Jede dieser Konsequenzen kann zu einer Verringerung der Wiederkaufsrate führen, gleichzeitig wird der Betreuungsaufwand bei den verbliebenen unzufriedenen Kunden ansteigen. Sowohl Zufriedenheit als auch Unzufriedenheit können vom Kunden in dessen persönlichem Umfeld verbreitet werden und so zu einer sinkenden oder steigenden Attraktivität des

---

74 In Anlehnung an Simon, Hermann; Homburg, Christian (Hrsg.): Kundenzufriedenheit: Konzepte - Methoden - Erfahrungen, a. a. O., S. 46.

Unternehmens bei Personen führen, die sich in einer Kaufentscheidung befinden (vgl. Abbildung 9).

Wie in Kapitel 2.1.1 dargelegt wurde, besitzt eine Versicherung eine hohe Erklärungsbedürftigkeit bei gleichzeitig fehlendem Erlebniswert. Eine Versicherung ist ein Produkt, mit dem man sich nur ungern auseinandersetzt, zusätzlich aber, wie im Fall einer Lebensversicherung oder Baufinanzierung, in hohem Maße involviert ist. Diese Merkmale können die möglichen Konsequenzen aus Zufriedenheit oder Unzufriedenheit mit der Versicherungsdienstleistung zusätzlich verstärken. Des weiteren kommt aus Sicht des Versicherungsunternehmens der Umstand hinzu, daß der Kunde im Laufe der Zeit, sei es im Geschäfts- oder Privatleben, verschiedene Lebenszyklusphasen durchläuft, die unterschiedliche Versicherungsbedürfnisse mit sich bringen (vgl. Tabellen 4 und 5).[75] Ist ein Kunde bereits am Anfang eines solchen Zyklus unzufrieden mit seiner Versicherung, besteht die Möglichkeit, daß er bei Aufkommen des nächsten Versicherungsbedürfnisses diesen Anbieter nicht wiederwählen wird; dem Versicherer gehen daher Folgegeschäfte verloren.

---

75 Vgl. Schradin, Heinrich R.: Erfolgsorientiertes Versicherungsmanagement: betriebswirtschaftliche Steuerungskonzepte auf risikotheoretischer Grundlage, a. a. O., S. 111 ff.

Lebenszyklusphase	Versicherungsbedürfnis bei unselbständig Beschäftigten (Beispiele)
Auszubildender, Berufsanfänger	privater Haftpflichtschutz, Krankenversicherungsschutz, Kraftfahrzeughaftpflicht, Berufsunfähigkeitsschutz
Haushaltsgründer (Single)	Hausratversicherung, Unfallversicherung, Kapitalbildungsbedürfnis
Junge Paare (ohne Kinder)	Risikolebensversicherung zur Partnersicherung, Krankenversicherung, Wohngebäudeschutz
Junge Familie	Risikolebensversicherung zur Familiensicherung
Etablierung (Familie/Single)	Anpassung des Versicherungsschutzes an gehobene Bedürfnisse, Altersvorsorge, Pflegefallabsicherung
Konsolidierung	weitere Anpassungen
Ruhestand	Ablauffonds, Rentenversicherung

Tab. 4: Bedürfnisorientierter Lebenszyklus bei unselbständig Beschäftigten

Lebenszyklusphase	Versicherungsbedürfnis bei einem mittelständigen Unternehmen (Beispiele)
Gründung	Risikoberatung, Kreditsicherung durch Lebens- und Sachversicherungen
Behauptung am Markt	Geschäftsversicherung, Betriebsunterbrechungsversicherung
Wachstum innerhalb und außerhalb der Branche	Anpassung der Risikoberatung und des Versicherungsschutzes, Systeme der betrieblichen Altersvorsorge
Internationa-lisierung	Exportkreditversicherung, Transportversicherung
Konsolidierung	individuelle Anpassungen an das geänderte Schutzbedürfnis

Tab. 5: Bedürfnisorientierter Lebenszyklus bei einem mittelständischen Unternehmen

2 Marketing in der Versicherungsbranche

Untersuchungen haben gezeigt, daß mit zunehmender Kundenbindungsdauer die Anzahl der Verträge steigt, treue Kunden weniger preissensitiv sind und daß die Schadensquote zurückgeht. Um für ein Versicherungsunternehmen rentabel zu sein, muß ein Kunde vier Jahre im Bestand bleiben; eine Kundenbeziehung über 10 Jahre ist 8-10 mal profitabler als eine fünfjährige Kundenbeziehung. In diesem Zusammenhang ist die Beobachtung der Kundenbindungsrate ein geeigneter Maßstab zur Bewertung der Kundenorientierung.[76] Schließlich kommt bei einer Versicherung auch ein sozialer Faktor zum Tragen: das Verhalten des Kunden im Versicherungsfall. Versicherungsbetrug wird häufig als Kavaliersdelikt angesehen, wobei Unzufriedenheit mit dem Versicherer als eine Ursache angesehen werden kann.

Die Kundenzufriedenheit wird für einen Versicherer folglich zum entscheidenden strategischen Faktor.[77] Kundenzufriedenheit als Ursache einer starken Kundenbindung kann sowohl mit der Kostenführerstrategie als auch mit der Differenzierungsstrategie angestrebt werden. Bei Kundenzufriedenheit aufgrund der Kostenführerschaft ist zu bedenken, daß Kostenvorteile in der Regel schnell nachgeahmt werden können und der Kunde dann keinen Grund mehr hat, bei diesem Unternehmen zu bleiben. Wird hingegen die Zufriedenheit durch Differen-

---

[76] Unter der Kundenbindungsrate wird der Prozentsatz an Kunden verstanden, die zu Beginn eines Jahres Kunden waren und dies auch noch zum Ende des Jahres sind. Vgl. Venohr, Bernd: Kundenbindungsmanagement als strategisches Unternehmensziel: Leitmotiv für Versicherungsunternehmen, in: Versicherungswirtschaft Heft 6/1996, S. 366.

[77] Vgl. von Kortzfleisch, Harald F. O.: Möglichkeiten von Telekommunikation/Online-Diensten und Multimedia zur Unterstützung/Verbesserung der Interaktion zwischen dem Vertreter im Außendienst der Allianz Versicherungs-AG und den Kunden - Studie für die Allianz Versicherungs-AG Generaldirektion, a. a. O., S. 4 f.

zierungsmaßnahmen erreicht, ist eine Imitierungsgefahr meist geringer und der Kunde für Angebote der Konkurrenz weniger zugänglich.[78]

Quellen für die Kundenzufriedenheit liegen demnach hauptsächlich in den Differenzierungsansätzen. Aufgrund der bereits angesprochenen Vergleichbarkeit der primären Dienstleistungen, dem Versicherungsschutz, kommt den sekundären Dienstleistungen eine besondere Bedeutung zu.[79] Ein Versicherer sollte daher versuchen, seine Differenzierungsstrategie über die sekundären Dienstleistungen, z. B. den Service zu verwirklichen und dabei untersuchen, ob die betreffenden Aktivitäten zu einer erhöhten Kundenzufriedenheit und damit zu einer höheren Kundenbindung führen. Kundenbindung sollte folglich Hauptziel jeder Differenzierungsstrategie sein.

2.4 Instrumente des Marketing

2.4.1 Marketingpolitik in der Versicherungsbranche

Das marketingpolitische Instrumentarium eines Dienstleistungsunternehmens kann man je nach Ausrichtung in drei Bereiche unterteilen. Das *externe Marketing* entspricht dem aus dem Konsum- und Investitionsgüterbereich bekannten Marketing-Mix und befaßt sich mit dem Einsatz marketingpolitischer Instrumente im Hinblick auf den Kunden. Dazu gehören die Produkt-, Kommunikations-, Kontrahierungs- und Distributionspolitik.[80]

---

78 Vgl. Venohr, Bernd: Kundenbindungsmanagement als strategisches Unternehmensziel: Leitmotiv für Versicherungsunternehmen, a. a. O., S. 365.
79 Zu den sekundären Dienstleistungen vgl. Kapitel 2.3.1.
80 Vgl. Topritzhofer, Edgar: Marketing-Mix, in: Handwörterbuch der Absatzforschung, Hrsg.: Tietz, Bruno, Stuttgart: C.E. Poeschel-Verlag 1974, S. 1250.

Das *interne Marketing* betrachtet die Bedeutung der Mitarbeiterqualifikation für den Erfolg einer Dienstleistung. Als Instrumente des internen Marketing stehen alle Maßnahmen zur Verfügung, die Einfluß auf die Motivation, Einstellung und das Verhalten der Mitarbeiter haben; dabei sind die personalpolitischen und die kommunikationspolitischen Instrumente zu unterscheiden.[81]

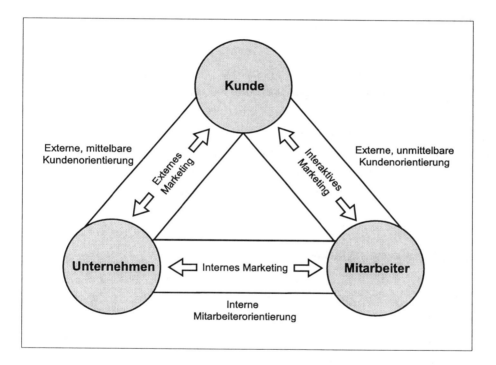

Abb. 10: Arten des Marketing im Dienstleistungsbereich

Neben der externen und der internen Ausrichtung der Marketinginstrumente erlangt eine dritte Sichtweise immer mehr an Bedeutung. Die Qualität der Dienstleistung hängt unter anderem von den Erfahrungen des Kunden mit dem Kontaktpersonal ab. Im Rahmen des *interaktiven*

---

81 Vgl. Bieberstein, Ingo: Dienstleistungs-Marketing, a. a. O., S. 339.

Marketing wird deshalb die Beziehung zwischen dem Mitarbeiter und dem Kunden betrachtet. Dabei handelt es sich nicht um ein eigenständiges Instrumentarium, sondern um eine Erweiterung der internen und externen Marketingsicht. Während das externe Marketing eine externe, mittelbare Kundenorientierung und das interne eine interne Kunden- und Mitarbeiterorientierung darstellt, ist das interaktive Marketing als externe, unmittelbare Kundenorientierung zwischen einzelnem Mitarbeiter und Kunden zu verstehen.[82]

Im folgenden soll auf die drei Arten des Dienstleistungsmarketing (vgl. Abbildung 10) und ihre jeweilige Bedeutung für das Versicherungsmarketing eingegangen werden, wobei auf die Notwendigkeit eines kombinierten Einsatzes der einzelnen Instrumente hingewiesen werden soll. Der isolierte Einsatz kann zwar dem Erreichen kurzfristiger Ziele dienen, Unternehmensziele haben jedoch in der Regel strategischen Charakter, weshalb auf eine Koordination der einzelnen Instrumente im Sinne einer gemeinsamen Zielerfüllung zu achten ist.[83]

2.4.2 Externes Marketing

Mit Hilfe der Instrumente des externen Marketing versucht ein Unternehmen, ein vorher festgelegtes Marketingziel zu erreichen. Einem Versicherungsunternehmen stehen dabei prinzipiell die gleichen Instrumente zur Verfügung wie Unternehmen anderer Wirtschaftszweige. Die Entscheidung über den Einsatz und die Kombination dieser In-

---

82 Vgl. Bruhn, Manfred: Internes Marketing als Forschungsgebiet der Marketingwissenschaft - Eine Einführung in die theoretischen und praktischen Probleme, in: Bruhn, Manfred: Internes Marketing: Integration der Kunden- und Mitarbeiterorientierung; Grundlagen - Implementierung - Praxisbeispiele, Wiesbaden: Gabler 1995, S. 23.

83 Vgl. Farny, Dieter: Versicherungsmarketing, a. a. O., S. 2610.

strumente haben wegen der Langfristigkeit der Versicherungsverträge im Vergleich zu anderen Branchen aber überwiegend strategischen Charakter.[84] Zur Übersicht werden die einzelnen Instrumente in Abbildung 11 dargestellt, auf die nachfolgend eingegangen wird.

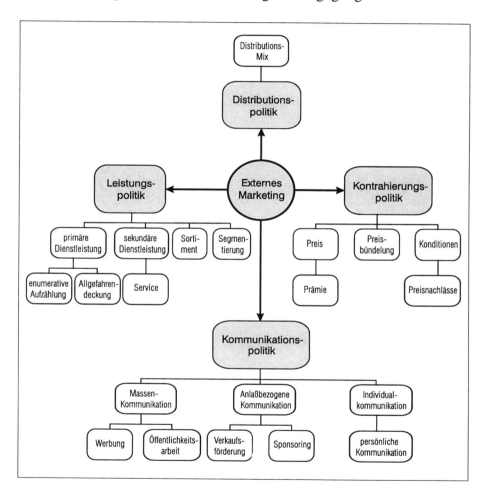

Abb. 11: Bestandteile des Externen Marketing

---

84 Vgl. Farny, Dieter: Versicherungsmarketing, a. a. O., S. 2606.

1. Produkt-/Leistungspolitik

Während im Konsum- und Investitionsgütermarketing die Bezeichnung Produktpolitik üblich ist, soll im Dienstleistungsbereich von Leistungspolitik gesprochen werden. Die Leistungspolitik betrifft vor allem zwei Bereiche, das primäre und das sekundäre Dienstleistungsangebot.

Der Gestaltungsspielraum bei der primären Dienstleistung, der eigentlichen Kernleistung, ist aufgrund rechtlicher und versicherungstechnischer Gesichtspunkte eingeschränkt.[85] Ansätze zur Gestaltung der Versicherungskernleistung liegen zum Beispiel in der generellen oder spezialisierten Risikodeckung im Hinblick auf versicherte Gefahren, Sachen oder Schäden. Bei der Risikodeckung wird die All-Gefahren-Deckung und die enumerative Aufzählung unterschieden. Im Fall der All-Gefahren-Deckung ist alles versichert, was in den Vertragsbedingungen nicht ausdrücklich ausgeschlossen wurde. Die enumerative Aufzählung geht den entgegengesetzten Weg. Hier werden die versicherten Risiken einzeln und genau abgegrenzt in den Vertragsbedingungen aufgeführt.[86] Weitere Möglichkeiten liegen in der Gestaltung der Vertragslaufzeit, den Modalitäten bei Kündigung oder Verlängerung sowie in den dynamischen Anpassungsmöglichkeiten des Vertrages im Zeitablauf.[87]

Der zweite Bereich betrifft das sekundäre Dienstleistungsangebot, die *Servicepolitik*. Zum Service werden alle Leistungen des Versicherungsunternehmens gezählt, die nicht vertraglich festgelegt sind.[88] Die

---

85 Zu den Einschränkungen in der Versicherungsbranche vgl. Kapitel 2.2.4.
86 Vgl. Kurtenbach, Wolfgang W.; Kühlmann, Knut; Käßer-Pawelka, Günter: Versicherungsmarketing: Eine praxisorientierte Einführung in das Marketing für Versicherungen und ergänzende Dienstleistungen, a. a. O., S. 182.
87 Vgl. Farny, Dieter: Versicherungsmarketing, a. a. O., S. 2607.
88 Vgl. Farny, Dieter: Versicherungsbetriebslehre, a. a. O., S. 659.

2 Marketing in der Versicherungsbranche

Gestaltungsmöglichkeiten der Servicepolitik sind vielfältig, wobei eine Abgrenzung zur Kernleistung der Versicherung oft schwerfällt.[89] Beispiele zur Servicepolitik können sein: Beratungsleistung zur Unfallverhütung, Beratungsleistung zur Geldanlage bei Auszahlung einer Lebensversicherung, Benachrichtigung der Angehörigen nach einem Verkehrsunfall oder die Vermittlung eines Mietwagens bei einem Kfz-Schaden.

Über die Kernleistung hinausgehende Zusatzleistungen werden wegen der Vergleichbarkeit der Kernleistungen der einzelnen Versicherungsunternehmen und dem Bedürfnis der Kunden nach „Komplett-Lösungen" zu einer entscheidenden Leistungskomponente im wachsenden Wettbewerb um die Gunst des Kunden.[90]

Zusätzlich zu den aufgeführten leistungspolitischen Instrumenten sind noch die Sortiments- und die Segmentierungspolitik zu nennen. Das Sortiment des Versicherungsunternehmens legt Anzahl und Arten der Versicherungsprodukte fest und bestimmt dadurch die Merkmale des Versicherungsbestandes.[91] Ein breites und tiefes Sortiment ermöglicht zwar bedarfsgerechte Angebote, verursacht aber hohe Betriebskosten. Flache und schmale Sortimente wirken sich daher günstiger auf die Betriebskosten aus. Die Segmentierungspolitik betrifft die kundengruppenbezogene Einteilung der strategischen Geschäftsfelder eines Versicherungsunternehmens. Vorrangig sind dabei das Firmenkunden- und das Privatkundengeschäft, die über sehr unterschiedliche Struktu-

---

89 Das Versicherungsgeschäft umfaßt selbst eine Fülle von Beratungs- und Abwicklungsleistungen, bei denen die Zugehörigkeit zur Kernleistung nicht immer erkennbar ist. Vgl. Farny, Dieter: Versicherungsbetriebslehre, a. a. O., S. 659.

90 Vgl. Kurtenbach, Wolfgang W.; Kühlmann, Knut; Käßer-Pawelka, Günter: Versicherungsmarketing: Eine praxisorientierte Einführung in das Marketing für Versicherungen und ergänzende Dienstleistungen, a. a. O., S. 199.

91 Vgl. Farny, Dieter: Versicherungsbetriebslehre, a. a. O., S. 305 ff.

ren und Voraussetzungen verfügen, beispielsweise bei der Betreuung oder in der Rückversicherungspraxis.[92]

2. Kontrahierungspolitik

Die Kontrahierungspolitik besteht aus den Elementen Preis- und Konditionenpolitik.[93] Die Preispolitik eines Versicherungsunternehmens bestimmt die Prämie für den angebotenen Versicherungsschutz. Eine der Grundlagen bei der Preisfindung ist der versicherungstechnische Erwartungswert der Schadenhäufigkeit. Bei der Prämie kann man über die Vertragslaufzeit konstante und dynamische, im Zeitablauf an geänderte Verhältnisse angepaßte Prämien unterscheiden.[94] Die Konditionenpolitik beinhaltet unterschiedliche Formen von Preisnachlässen aufgrund besonderer Vertragsumstände. Beispielsweise kann ein Versicherungsunternehmen den Zinsvorteil aus einer vorschüssig gezahlten Jahresprämie in Form eines Rabattes an den Kunden weitergeben. Weitere Beispiele der Konditionenpolitik aus der Kfz-Versicherung sind sogenannte Alleinfahrer-, Wenigfahrer- oder Garagentarife, bei denen der Versicherer von einem geringeren versicherungstechnischen Risiko ausgehen kann.

Als spezielle Form der Kontrahierungspolitik ist noch die Preisbündelung zu nennen. Hierbei werden verschiedene Versicherungsprodukte im Rahmen eines Komplettangebotes zusammengestellt, deren Bündelpreis unter der Summe der Einzelpreise liegt.

Beim Einsatz der Kontrahierungspolitik muß ein Versicherungsunternehmen die Auswirkungen auf den Bestand beachten. Aufgrund der

---

92 Vgl. Farny, Dieter: Versicherungsbetriebslehre, a. a. O., S. 349 ff.
93 Vgl. Meffert, Heribert; Bruhn, Manfred: Dienstleistungsmarketing: Grundlagen - Konzepte - Methoden, a. a. O., S. 399.
94 Vgl. Farny, Dieter: Versicherungsmarketing, a. a. O., S. 2608 f.

Langfristigkeit der Verträge wirken sich Preisänderungen, wenn nicht anders gesetzlich oder vertraglich geregelt, auf den gesamten Bestand aus.[95]

3. Distributionspolitik

Auf die Distributionspolitik soll hier nur kurz eingegangen werden, da diese schon im Rahmen der Auswirkungen auf das Marketing in der Versicherungsbranche in Kapitel 2.2.3 ausreichend erläutert wurde.

Der Distributionspolitik wird in der Versicherungsbranche allgemein die größte Bedeutung zugesprochen. Die Entscheidung über das Absatzverfahren hat eine ausgesprochen langfristige Wirkung, da neben der Bindung hoher Investitionsmittel die Entscheidung nur schwer revidierbar ist.[96]

Aufgrund der Vielfalt der strategischen Geschäftsfelder innerhalb des Portfolios eines Versicherungsunternehmens ist mittlerweile ein Distributions-Mix vorherrschend; d. h., ein Versicherer setzt nicht mehr ausschließlich auf einen Vertriebsweg, vielmehr bedient er unterschiedliche Teilmärkte über unterschiedliche Absatzwege.[97] So gründen Versicherungsunternehmen mit Außendienstorganisation oftmals Tochterunternehmen mit Direktvertrieb oder sie setzen im Industriegeschäft Abschlußvertreter mit weitreichenden Regulierungsvollmachten ein.

---

95 Deshalb ist ein zur Zeit zu beobachtender Preiskampf der Allianz mit der HUK-Coburg im Kfz-Bereich für die Allianz und ihren wesentlich höheren Kundenbestand mit sehr hohen Kosten verbunden.
96 Vgl. Farny, Dieter: Versicherungsmarketing, a. a. O., S. 2609 f.
97 Vgl. Farny, Dieter: Versicherungsbetriebslehre, a. a. O., S. 656 f.

4. Kommunikationspolitik

Unter Kommunikationspolitik wird die bewußte Gestaltung aller auf den Markt gerichteten Informationen verstanden. Aufgabe der Kommunikationspolitik ist die Unterstützung unternehmenspolitischer Ziele wie der kurzfristigen Nachfragesteuerung, Imageverbesserung von Unternehmen, Produktgruppen oder einzelnen Produkten oder der Materialisierung und Visualisierung immaterieller und erklärungsbedürftiger Dienstleistungen. Hierfür stehen einem Unternehmen üblicherweise die Instrumente *Werbung, Verkaufsförderung, persönliche Kommunikation, Public Relations/ Öffentlichkeitsarbeit* und *Sponsoring* zur Verfügung.[98]

Werbung zählt zu den klassischen Kommunikationsinstrumenten in der Versicherungsbranche. „Der unmittelbare Zweck der Werbung besteht darin, daß die Werbebotschaft bei den Umworbenen verstandes- oder gefühlsmäßig wahrgenommen wird, daß dadurch Bedarfsempfindungen ausgelöst und Aktivitäten bewirkt werden, die zur Bedarfsdeckung durch Abschluß einer Versicherung beim werbenden Versicherer führen."[99] Vorrangig wird Firmen- und Imagewerbung, seltener konkrete Produktwerbung betrieben. Üblicherweise werden vertrauenerweckende Bilder von freundlichen Mitarbeitern und zufriedenen Kunden verwendet. Neuerdings werden aber vermehrt emotionsgeladene Bilder benutzt, die bei den Zielgruppen Betroffenheit auslösen und ein Sicherheitsbedürfnis wecken sollen. Beispielsweise hat die Allianz Versicherung 1996 im Zuge der Pflegeversicherung in Printmedien eine bundesweite Anzeige geschaltet, in der ein leerer Rollstuhl gezeigt wurde mit der Aufforderung, einmal „Probe zu sitzen".

---

98 Vgl. Kurtenbach, Wolfgang W.; Kühlmann, Knut; Käßer-Pawelka, Günter: Versicherungsmarketing: Eine praxisorientierte Einführung in das Marketing für Versicherungen und ergänzende Dienstleistungen, a. a. O., S. 216.

99 Farny, Dieter: Versicherungsbetriebslehre, a. a. O., S. 610.

Die *Verkaufsförderung* dient der kurzfristigen und unmittelbaren Stimulierung des Absatzes.[100] Man unterscheidet zwischen der verkäuferbezogenen und der marktbezogenen Verkaufsförderung. Die verkäuferbezogene Verkaufsförderung umfaßt alle Maßnahmen der Schulung und Unterstützung der im Außendienst eingesetzten Vermittler. Dazu dienen auf der einen Seite Training, Fortbildungen und Verkaufsanreize durch Bonifikationen. Auf der anderen Seite können Verkaufshelfer in Form von Verkaufs- und Demonstrationsmaterial, elektronischen Tarifrechnern oder Notebooks mit Online-Zugriff auf die Kunden- oder Bestandsdaten den Außendienst beim Verkauf unterstützen. Dazu gehören auch Direktwerbebriefe, die der Versicherer dem Außendienst für Bestandsaktionen zur Verfügung stellt.

Die marktbezogene Verkaufsförderung ist in produktbezogene und in kundenbezogene Aktivitäten zu untergliedern. Unter produktbezogener Verkaufsförderung werden helfende Maßnahmen verstanden, die dem Kunden das Versicherungsprodukt näherbringen (z. B. Merkblätter zu einzelnen Produkten) oder ihn im Versicherungsfall unterstützen sollen (Checklisten im Schadenfall). Aktivitäten der kundenbezogenen Verkaufsförderung sind beispielsweise Gutscheine für Angebote, wie Rentenberechnungen, Hilfen bei der Ermittlung von Versicherungsbedarfen oder Preisausschreiben zur Gewinnung von Adressen.[101]

Public Relations oder *Öffentlichkeitsarbeit* kann definiert werden als Pflege der Beziehungen einer Unternehmung zur Öffentlichkeit.[102]

---

100 Vgl. Kurtenbach, Wolfgang W.; Kühlmann, Knut; Käßer-Pawelka, Günter: Versicherungsmarketing: Eine praxisorientierte Einführung in das Marketing für Versicherungen und ergänzende Dienstleistungen, a. a. O., S. 223.
101 Farny, Dieter: Versicherungsbetriebslehre, a. a. O., S. 618.
102 Vgl. Kurtenbach, Wolfgang W.; Kühlmann, Knut; Käßer-Pawelka, Günter: Versicherungsmarketing: Eine praxisorientierte Einführung in das Marketing für Versicherungen und ergänzende Dienstleistungen, a. a. O., S. 232 f.

Unter Öffentlichkeit werden dabei alle Personen, Organisationen und öffentlichen Einrichtungen verstanden, die in irgendeiner Beziehung zum Unternehmen stehen. Bei Personen können dies am Unternehmen interessierte Personen, stellensuchende Arbeitskräfte, potentielle Kunden, aber auch Mitarbeiter des eigenen Unternehmens sein, die sich über ihren Arbeitgeber informieren möchten. Organisationen und öffentliche Einrichtungen, wie Verbände oder Verwaltungen bei Städten und Bundesbehörden, sind ebenfalls Ansprechpartner für die Öffentlichkeitsarbeit eines Unternehmens. Schließlich gehört auch der Umgang mit den Medienanstalten zur täglichen Arbeit.

Typische Instrumente der Öffentlichkeitsarbeit sind Hauszeitschriften für die eigenen Mitarbeiter, Pressekonferenzen für Journalisten, der Geschäftsbericht für die interessierte Öffentlichkeit oder die Herausgabe von Fachpublikationen. Gegenüber der Werbung hat die Öffentlichkeitsarbeit einen entscheidenden Vorteil. Herausgegebenen Presseberichten wird in der Regel eine höhere Glaubwürdigkeit bescheinigt als der Werbung. Dies zeigt die Bedeutung der Öffentlichkeitsarbeit für den Aufbau von Unternehmensimage und Vertrauen in das Produktangebot. Entscheidungen über den Einsatz der Öffentlichkeitsarbeit sind schwierig. Die Kosten der einzelnen Maßnahmen sind zwar sehr gut festzustellen, der Nutzen für das Unternehmen und seine Absatzziele jedoch sind quantitativ nur schwer zu ermitteln.[103]

Das *Sponsoring* kann als Teil der Öffentlichkeitsarbeit verstanden werden.[104] Das Sponsoring dient der indirekten Ansprache des potentiellen Kunden in einer nicht kommerziellen Umgebung. Ein Unternehmen versucht dabei beim Kunden Assoziationen zwischen Unternehmen und gesponsorter Aktion hervorzurufen. Mögliche Sponso-

---

103 Vgl. Farny, Dieter: Versicherungsbetriebslehre, a. a. O., S. 617.
104 Vgl. Farny, Dieter: Versicherungsbetriebslehre, a. a. O., S. 616 f.

ring-Arten sind das Sport-, das Kultur-, das Sozio- und das Öko-Sponsoring.[105]

Schließlich kann Kommunikationspolitik im Rahmen der *persönlichen Kommunikation* stattfinden. Darunter sind alle Maßnahmen zu verstehen, um mit dem Kunden in direkten, persönlichen Kontakt zu kommen und durch eine individuelle Kundenansprache die Kommunikationsziele des Unternehmens zu realisieren.[106] Wichtige Voraussetzungen dafür sind persönliche Eigenschaften wie Kontaktfähigkeit, Verhandlungsgeschick und fachliche Kompetenz.

Aufgrund der Bedeutung, die die Kommunikationspolitik in den folgenden Teilen der vorliegenden Arbeit haben wird, sind in Abbildung 12 die Instrumente der Kommunikationspolitik in Abhängigkeit ihrer Merkmalsausprägung, der Ausschöpfung des Kundenpotentials und dem Standardisierungsgrad der Versicherungsprodukte dargestellt.[107] Je höher der Grad der Integration, der Erklärungsbedürftigkeit oder der Individualisierung ist, desto eher kommt die Individualkommunikation in Betracht. Entlang der Diagonalen in Abb. 12 lassen sich die potentiellen Einsatzgebiete der einzelnen Kommunikationsinstrumente ablesen.

---

105 Vgl. Kurtenbach, Wolfgang W.; Kühlmann, Knut; Käßer-Pawelka, Günter: Versicherungsmarketing: Eine praxisorientierte Einführung in das Marketing für Versicherungen und ergänzende Dienstleistungen, a. a. O., S. 235.
106 Vgl. Meffert, Heribert; Bruhn, Manfred: Dienstleistungsmarketing: Grundlagen - Konzepte - Methoden, a. a. O., S. 373.
107 In Anlehnung an Meffert, Heribert; Bruhn, Manfred: Dienstleistungsmarketing: Grundlagen - Konzepte - Methoden, a. a. O., S. 354.

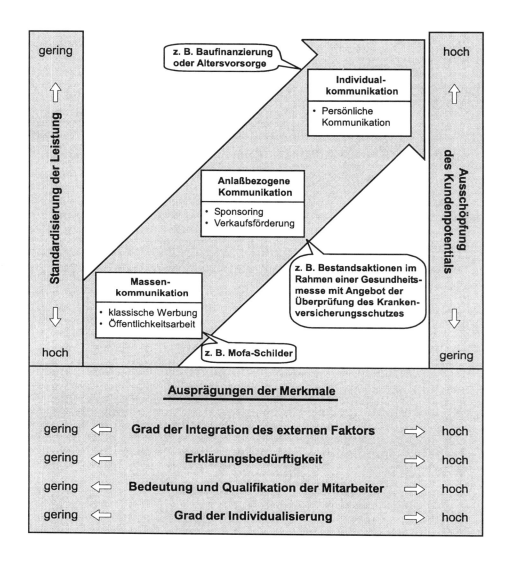

Abb. 12: Typologie der Kommunikationsinstrumente im Dienstleistungsbereich am Beispiel der Versicherungsbranche

Abschließend soll auf mögliche Probleme und Einschränkungen beim kombinierten Einsatz der externen Marketinginstrumente eingegangen werden. In der Praxis sind folgende Aspekte zu beachten:[108]

1. Kombiantorisch lassen sich beispielsweise bei vier Instrumenten mit jeweils fünf Ausprägungen 625 Kombinationsmöglichkeiten ermitteln, von denen jedoch nur bestimmte sinnvoll sind.
2. Es können Abhängigkeiten zwischen den einzelnen Instrumenten auftreten, wie z. B. Substitutionalität (z. B. Service kann durch eine einfachere Produktgestaltung teilweise ersetzt werden) oder Komplementarität (Attraktivität steigt durch bessere Konditionen und zusätzlich durch Werbeeinsatz).
3. Infolge dezentral getroffener Entscheidungen bzgl. einzelner Marketing-Mix-Instrumente kann eine Koordinierungsproblematik entstehen.

Die Komplexität und Vielschichtigkeit des Marketing-Mix-Problems haben zu einer Vielzahl von Lösungsansätzen geführt. Computergestützte, mathematische Simulationsmodelle haben aufgrund der hohen methodischen Anforderungen kaum Einzug in die Praxis gewonnen. Vielmehr wird auf Erfahrungen, Traditionen und allgemeine Branchenusancen zurückgegriffen, welche die jeweiligen Besonderheiten berücksichtigen.[109]

---

108 Vgl. Kurtenbach, Wolfgang W.; Kühlmann, Knut; Käßer-Pawelka, Günter: Versicherungsmarketing: Eine praxisorientierte Einführung in das Marketing für Versicherungen und ergänzende Dienstleistungen, a. a. O., S. 267 f.
109 Vgl. Kurtenbach, Wolfgang W.; Kühlmann, Knut; Käßer-Pawelka, Günter: Versicherungsmarketing: Eine praxisorientierte Einführung in das Marketing für Versicherungen und ergänzende Dienstleistungen, a. a. O., S. 269 f.

2.4.3 Internes Marketing

Das interne Marketing hat die Durchsetzung einer kunden- und mitarbeiterorientierten Denkhaltung im Unternehmen zum Inhalt, so daß die marktgerichteten Unternehmensziele effizienter erreicht werden.[110] Im Rahmen des internen Marketing werden Mitarbeiter auch als Kunden betrachtet, man kann also externe und interne Kundenorientierung (Mitarbeiterorientierung) unterscheiden.

Internes Marketing ist nicht nur auf Dienstleistungsunternehmen beschränkt; das Dienstleistungsmarketing scheint hier nur eine Vorreiterrolle zu übernehmen. Im Zuge zunehmender Kundenorientierung im Konsum- und Investitionsgüterbereich wird auch hier die Mitarbeiterorientierung zu einem wichtigen Bestandteil der Unternehmenspolitik. Damit kann das interne Marketing als Bestandteil des in Kapitel 2.2.2 eingeführten Konzepts der marktorientierten Unternehmensführung angesehen werden. Unter Mitarbeiter soll im folgenden nicht nur der angestellte Mitarbeiter eines Versicherungsunternehmens verstanden werden. Der Begriff Mitarbeiter soll hier der Erweiterung des strategischen Dreiecks aus Kapitel 2.2.4 folgend auf den selbständigen Außendienst ausgedehnt werden.

Instrumente des internen Marketing sind die *Personalpolitik* und die *interne Kommunikationspolitik*. Aufgabe dieser Instrumente ist es, im Sinne einer Kundenorientierung Einfluß auf Motivation, Einstellung und Verhalten der Mitarbeiter auszuüben.[111] Das personalpolitische Instrumentarium setzt sich zusammen aus der *Personalbeschaffung*, der *Aus- und Weiterbildung* sowie der *Personalbindung*. Bei der Be-

---

110 Vgl. Bruhn, Manfred: Internes Marketing als Forschungsgebiet der Marketingwissenschaft - Eine Einführung in die theoretischen und praktischen Probleme, a. a. O., S. 22.
111 Vgl. Bieberstein, Ingo: Dienstleistungs-Marketing, a. a. O., S. 339 ff.

schaffung und der Aus- und Weiterbildung stehen die Faktoren im Vordergrund, die Einfluß auf das Interaktionsverhalten des Mitarbeiters haben wie z. B. Kontaktfähigkeit, Flexibilität und Einfühlungsvermögen. Maßnahmen der Personalbindung liegen zum einen im finanziellen Bereich (z. B. Entgeltpolitik und Sozialleistungen). Zum anderen sind darunter Maßnahmen der Arbeitsplatz- und -zeitgestaltung sowie Beförderungspolitik und Aufgaben- und Kompetenzverteilung zu verstehen.

Die interne Kommunikationspolitik dient dazu, bei Mitarbeitern ein Vertrauensverhältnis zu und eine Identifikation mit ihrem Unternehmen zu erreichen.[112] Mögliche Ausprägungen sind die *interne Massenkommunikation* und *interne Individualkommunikation*; als Mittel dienen verbale, schriftliche und bildliche Kommunikation. Mit Hilfe dieser Kommunikationsformen können Information über die Aufgabe des Unternehmens, dessen Ziele, die Bedeutung einer kundenorientierten Arbeitsweise oder die Qualitätswahrnehmung der Kunden vermittelt werden. Beispiele dafür sind die bereits aus der Öffentlichkeitsarbeit bekannten Hauszeitschriften, Betriebsversammlungen, Schaubildtafeln oder Diskussionsrunden unter Mitarbeitern (z. B. Qualitätszirkel).

2.4.4 Interaktives Marketing

Im Gegensatz zum externen Marketing, dessen Schwerpunkt die externe, mittelbare Kundenorientierung darstellt, ist das interaktive Marketing als externe, unmittelbare Kundenorientierung anzusehen.[113]

---

112 Vgl. Bieberstein, Ingo: Dienstleistungs-Marketing, a. a. O., S. 348.
113 Vgl. Bruhn, Manfred: Internes Marketing als Forschungsgebiet der Marketingwissenschaft - Eine Einführung in die theoretischen und praktischen Probleme, a. a. O., S. 23.

Interaktives Marketing, auch als Relationship-Marketing oder Beziehungsmarketing bezeichnet, befaßt sich damit, wie das Kontaktpersonal sich im Umgang mit Kunden verhält. Gegenstand des interaktiven Marketing ist demnach die kundenorientierte Ausrichtung der internen Kontaktsubjekte auf die externen Faktoren.[114]

Hierbei sind vor allem die Mitarbeiter mit direktem Kundenkontakt zu betrachten. In der Interaktion spielt das Verhalten der Mitarbeiter mit Kundenkontakt eine entscheidende Rolle für die vom Kunden wahrgenommene Dienstleistungsqualität.[115] Das interaktive Marketing befaßt sich deshalb mit allen Maßnahmen, die positiven Einfluß auf die Beziehung zwischen Mitarbeiter und Kunde ausüben können. Diese Maßnahmen sind vor allem in der Personalpolitik in Form von Verkaufsschulungen, Trainings zur Gesprächsführung oder Seminaren über verständliche Geschäftsbriefe zu finden.

Das interaktive Marketing im engeren Sinne betrifft den Mitarbeiter des Unternehmens. Diese Sicht soll im folgenden auf den selbständigen Außendienst eines Versicherungsunternehmens, sowie dessen Personal ausgeweitet werden. Grund hierfür ist die Tatsache, daß der Kundenkontakt üblicherweise zwischen Vermittler und Kunde stattfindet, der Vermittler jedoch aufgrund vertraglicher Regelung an den Versicherer gebunden ist. Das interaktive Marketing im weiteren Sinne ist also Einschränkungen hinsichtlich der Durchsetzbarkeit personalpolitischer Maßnahmen unterworfen. So hat ein Versicherer zum Beispiel aufgrund der rechtlichen Selbständigkeit des Vermittler keinen Einfluß auf dessen Personalauswahl, dem Vermittler können aber fachspezifische Schulungen und Verkaufstrainings angeboten werden,

---

114 Vgl. Bieberstein, Ingo: Dienstleistungs-Marketing, a. a. O., S. 212.
115 Kotler, Philip; Bliemel, Friedhelm: Marketing-Management: Analyse, Planung, Umsetzung und Steuerung, 8., vollst. neu bearb. u. erw. Aufl., Stuttgart: Schäffer-Poeschel 1995, S. 716. Vgl. auch die in Kapitel 2.2.4 angeführten Bemerkungen über die Bedeutung des Mitarbeiters im Versicherungsunternehmen.

2 Marketing in der Versicherungsbranche

um ihn und sein Personal beim Kundenkontakt zu unterstützen. Des weiteren können dem Vermittler im Rahmen der Verkaufsförderung Hilfsmittel zur Verfügung gestellt werden wie Außendienst-Notebooks mit Tarifrechner oder Online-Zugriff auf Bestands- und Kundendaten.

Das interaktive Marketing wird einen zentralen Aspekt der folgenden Ausführungen darstellen, da sich das Online-Marketing auch bezüglich des interaktiven Marketing einordnen läßt.

2.4.5 Zusammenfassung

Im vorangegangenen Kapitel wurden die *Immaterialität*, der hohe Grad der *Erklärungsbedürftigkeit* und die *Integration des externen Faktors* als Merkmale der Versicherungsdienstleistung vorgestellt und der *Differenzierungsansatz* als geeignete Strategie für ein Versicherungsunternehmen mit selbständigem Außendienst hervorgehoben. Infolge der Langfristigkeit der Versicherungsverträge und dem Durchlaufen verschiedener versicherungstechnischer Lebenszyklen wurde die *Kundenbindung* als anzustrebendes Ziel einer Differenzierungsstrategie herausgestellt. Besondere Aufmerksamkeit wurde dabei auf die Rolle des in der Versicherungsbranche üblichen *selbständigen Außendienstes* gelegt. Ein Kunde identifiziert bei Abschluß einer Versicherung bei einem Vermittler nicht nur das Versicherungsunternehmen. Vielmehr bewertet er auch den Vermittler und dessen Beratung und fällt daraufhin seine Entscheidung. Die daraus folgende *Differenzierungsstrategie* sollte aufgrund der gezeigten Vergleichbarkeit der Versicherungskernleistung über die *Servicepolitik* realisiert werden und demnach den Vermittler in den Mittelpunkt der Marketingüberlegungen stellen. Dies erfolgt durch das *erweiterte strategische Dreieck* und der Aufteilung der marketingpolitischen Instrumente in *externes* und *internes Marketing*. Aufgrund der Bedeutung des Versicherungsvermittlers wurde die Betrachtung der Instrumente um die Sichtweise des *interaktiven Marketing* erweitert und der Schwerpunkt auf die *Kommunikationspolitik* gelegt. Hier soll vor allem noch einmal auf die unterschiedlichen Einsatzmöglichkeiten der Instrumente bei der *Massen-*, der *anlaßbezogenen* und der *Individualkommunikation* hingewiesen werden, die bei der Betrachtung des Online-Marketing besondere Beachtung finden werden.

3 Markt und Marketing im Online-Bereich

3.1 Systematisierung

Bevor sich Kapitel 4 mit den konkreten Auswirkungen des Online-Marketing auf ein Versicherungsunternehmen und dessen selbständigen Außendienst befaßt, sollen im vorliegenden Kapitel 3 die Möglichkeiten des Online-Marketing im allgemeinen betrachtet werden.

Zur Vorbereitung wird der Online-Markt unter technischen und räumlichen Gesichtspunkten abgegrenzt. Dazu werden die kommerziellen Online-Dienste und das World Wide Web für den schmalbandigen und das interaktive Fernsehen für den breitbandigen Online-Bereich vorgestellt. Anschließend werden die ökonomischen Kenngrößen des Online-Marktes aufgezeigt und derzeitige Barrieren und Determinanten erarbeitet, die eine kommerzielle Nutzung des Online-Marktes noch verzögern. Abgeschlossen wird die Betrachtung des Online-Marktes mit einem Vergleich zwischen World Wide Web und kommerziellen Online-Diensten, der das World Wide Web als Plattform für Online-Marketing herausstellt.

Aufbauend auf der Betrachtung des Online-Marktes werden in einem zweiten Schritt die Grundbegriffe des Online-Marketing erarbeitet, die im Hinblick auf Kapitel 4 von Bedeutung sein werden. Hierbei wird nach einer einführenden Abgrenzung und Definition der Paradigmenwechsel in der Kommunikation diskutiert, der die Grundlage für alle Auswirkungen des Online-Marketing auf das traditionelle Marketing bildet. Im Anschluß wird der sich aus der Verbreitung des Online-Mediums ergebende globale Markt dargestellt und die daraus resultierenden Anforderungen an Unternehmen dargestellt. Danach folgt eine Betrachtung der durch das Internet hinzugekommenen Möglichkeiten der Marktforschung.

Ausgehend von den im Rahmen des Paradigmenwechsels erarbeiteten Merkmalen der Online-Kommunikation wird anschließend deren Auswirkung auf das marketingpolitische Instrumentarium untersucht. Abgeschlossen wird das Kapitel mit einer Betrachtung der derzeit noch existierenden Barrieren für Online-Marketing und einer Zusammenfassung der Grundlagen des Online-Marketing.

3.2 Der multimediale Online-Markt

3.2.1 Begriffliche, technische und räumliche Abgrenzung

Das Verhalten des modernen Kunden ist durch die zunehmende Differenzierung der Kundenwünsche bei gleichzeitiger Abnahme der Kundenloyalität gekennzeichnet. Auf der Suche nach neuen Vertriebs- und Akquisitionsstrategien bietet die Präsenz im *multimedialen Online-Markt* die Option, neue Kunden zu gewinnen, bestehende Kundenbeziehungen zu vertiefen und erfolgreich neue Zukunftsmärkte zu bearbeiten. Voraussetzung dafür ist eine klare Abgrenzung des Begriffs des multimedialen Online-Marktes. Diese soll unter den greifbaren technischen Bestandteilen und der konkreten räumlichen Ausdehnung erfolgen.

Multimedia ist ein in erster Linie auf Marketingstrategien gerichtetes Konzept, um eine kommerzielle Erschließung des breiten digitalen Medienfeldes voranzutreiben.[116] Dabei werden folgende Anforderungen an ein multimediales System gestellt:[117]

---

116 Vgl. Huly, Heinz-Rüdiger; Raake, Stefan: Marketing online: Gewinnchancen auf der Datenautobahn, Frankfurt/Main; New York: Campus Verlag 1995, S. 237.

117 Vgl. Schwickert, Axel C.; Pörtner, Achim: Der Online-Markt - Abgrenzung, Bestandteile, Kenngrößen, in: Arbeitspapiere WI, Nr. 2/1997, hrsg. vom Lehr-

3 Markt und Marketing im Online-Bereich

- Daten, Sprache, Ton, Graphik und Bewegtbild werden integriert und liegen in digitaler Form vor.
- Eine Zwei-Wege-Kommunikation ermöglicht interaktive Dialoge.
- Die Benutzerführung erfolgt nicht-linear über Hypermedia-Mechanismen.
- Die Endgeräte der Benutzer verfügen über Eigenintelligenz.

Über Art und Ort der Datenhaltung kann man den *Offline-Bereich* vom *Online-Bereich* unterscheiden. Während im Offline-Bereich die multimedialen Informationen mit Hilfe von CD-ROM Technologie in einem Stand-alone-Rechner präsentiert werden und somit kein direkter Informationsaustausch mit entfernten Kommunikationspartnern vorliegt, ist gerade dies die Eigenschaft des Online-Bereichs. Hier besteht die Möglichkeit mittels einer Netzinfrastruktur (Telefonleitung, Breitbandkabel, Satellit etc.), einen direkten Dialog zwischen entfernten Kommunikationspartnern einzurichten. Die Informationen werden dabei vom Anbieter vorgehalten und sind jederzeit abrufbar und aktualisierbar. Insbesondere der direkte Dialog zwischen Kunde und Anbieter und die dauernde Aktualität von Angeboten werden dazu führen, daß die statischen Offline-Lösungen zunehmend durch dynamische Online-Lösungen verdrängt werden. Hauptproblem hierbei ist jedoch, daß die immensen Datenmengen von multimedialen Inhalten eine ausreichende Netzkapazität erfordern, um eine Datenübertragung ohne Qualitäts- und Zeitverlust zu garantieren.

Als *Markt* wird in der Wettbewerbstheorie der ökonomische Ort des Zusammentreffens von Angebot und Nachfrage bezeichnet.[118] Im Online-Markt treffen Anbieter und Nachfrager in einer physikalischen

---

stuhl für Allg. BWL und Wirtschaftsinformatik, Univ.-Prof. Dr. Herbert Kargl, Johannes Gutenberg-Universität Mainz, S. 3.

118 Vgl. Oenicke, Jens: Online-Marketing: kommerzielle Kommunikation im interaktiven Zeitalter, Stuttgart: Schäffer-Poeschel 1996, S. 41.

Netzinfrastruktur aufeinander. Dieser Markt läßt sich technisch und räumlich abgrenzen.

In technischer Hinsicht läßt sich der Online-Markt im weitesten Sinne als *digitalisierte Netzinfrastruktur* beschreiben, die aus

- Endeinrichtungen zur Kommunikation (z. B. PCs)

- und Datenübertragungseinrichtungen (z. B. Kabel, Knotenrechner)

zwischen Anbietern und Nachfragern besteht. Schließt man die traditionelle, bereits weitgehend digitalisierte Telekommunikation (Telefon, Telefax, Telex, Teletex) aus, kann man die aktuelle und zukünftige Betrachtung auf die technischen Einrichtungen (Hardware, Software) von Computer-Netzwerken beschränken.

Im Bereich der *kommunikativen Endeinrichtungen* wird der PC mit graphischer Benutzeroberfläche und modularen Audio-/Video-Komponenten auch in naher Zukunft die größte Bedeutung haben. Mittelfristig stehen nur zwei Alternativen mit Multimedia- und Interaktionsfähigkeiten zur Diskussion: der PC-ähnliche Fernseher und der Fernseher-ähnliche PC.[119] In den Visionen der Systemanbieter verschmelzen beide technologischen Entwicklungsrichtungen zu einem Geräte-Typ, der den intellektuellen Fähigkeiten, den praktischen Fertigkeiten und den finanziellen Möglichkeiten des heutigen Durchschnitts-TV-Konsumenten entspricht und somit einen breiten (Online-) Massenmarkt erschließt.

Die *Datenübertragungseinrichtungen* teilen sich in einen schmalbandigen Bereich mit relativ geringem Datendurchsatz und einen breitbandigen Bereich, der zukünftig bei einem Datendurchsatz von mehr

---

119 Vgl. Hünerberg, Reinhard; Heise, Gilbert; Mann, Andreas: Handbuch Online-Marketing: Wettbewerbsvorteile durch weltweite Datennetze, Landsberg/Lech: Verl. Moderne Industrie 1996, S. 50.

3 Markt und Marketing im Online-Bereich

als 2 Megabit pro Sekunde physikalische Verbindungen von sehr hohen Kapazitäten (z. B. Glasfaser) voraussetzt.[120]

Die räumliche Struktur wird bereits heute durch ein weltweites Netz von Computern gebildet, die über Datenübertragungseinrichtungen untereinander in Verbindung stehen. Es lassen sich unter technischen (verschiedene Kommunikationsverfahren) und wirtschaftlichen (unterschiedliche Eigentümer) Gesichtspunkten Teilnetze unterscheiden, die über sogenannte Gateways eng miteinander verwoben sind. Das für Computer nutzbare und am weitesten verbreitete Netz stellt zur Zeit das weltweite Fernsprechnetz dar. Damit ist jeder Teilnehmer des Fernsprechnetzes ein potentieller Teilnehmer des Online-Marktes.

Unter Marketinggesichtspunkten sind diejenigen Knoten und Funktionen von Computer-Netzwerken wichtig, die in direktem Kontakt zu Anbietern und Nachfragern als Endanwender stehen. Als Anbieter und Nachfrager kommen dabei alle Personen und Organisationen in Betracht, die über einen Zugang zum Online-Markt verfügen und Produkte und Dienstleistungen anbieten oder kaufen wollen. Organisationen können Unternehmen, Behörden, aber auch einzelne Abteilungen sein, die als Profitcenter ihre Produkte und Dienstleistungen im Online-Markt anbieten.

Nach der Art des Angebots lassen sich *Content-Provider*, *Carrier* und *Provider* unterscheiden. Content-Provider stellen das Informationsangebot bereit, während Carrier die zur Übertragung der Informationen notwendigen Netze anbieten. Provider schließlich ermöglichen dem Nutzer den Zugang zu den Informationen der Content-Provider über die Netze der Carrier.[121]

---

120 Vgl. Stahlknecht, Peter: Einführung in die Wirtschaftsinformatik, 7., vollst. überarb. und erw. Aufl., Berlin et al.: Springer 1995, S. 132.
121 Vgl. Pörtner, Achim: Konzeption eines Online-Marketings, Diplomarbeit am Lehrstuhl für Allg. BWL und Wirtschaftsinformatik, Prof. Dr. H. Kargl, Johan-

Die wichtigsten technisch-räumlichen Netzsegmente des Online-Marktes, die den Kontakt zwischen Anbieter und Nachfrager herstellen, sind

- im schmalbandigen Bereich das World Wide Web im Internet und die Netze kommerzieller Online-Dienste,

- das zukünftige breitbandige Segment für interaktives Fernsehen.

3.2.2 Das World Wide Web im Internet

Das Internet, auch als „Netz der Netze" bezeichnet, besteht aus einem Verbund einzelner Computer-Netzwerke, die über ein gemeinsames Protokoll, das *Transmission Control Protocol / Internet Protocol (TCP/IP)*, miteinander kommunizieren.[122] Das Internet ging Anfang der siebziger Jahre aus dem „ARPANet" hervor, das vom US-Verteidigungsministerium mit dem Ziel entwickelt wurde, auch nach einem Atomkrieg über ein möglichst ausfallsicheres Kommunikationsnetz für die Forscher und Wissenschaftler des Verteidigungsbereichs zu verfügen. Auch heute noch ist das Internet durch seine dezentrale Struktur und anarchischen Grundzügen ohne übergreifende organisatorische, finanzielle oder politische Verwaltung geprägt. Es existieren jedoch Non-Profit-Organisationen, die sich um den koordinierten Ausbau und die Weiterentwicklung von Standards im Internet bemühen.[123]

---

nes Gutenberg-Universität Mainz 1996, S. 2. Vgl. auch Booz Allen & Hamilton: Zukunft Multimedia: Grundlagen, Märkte und Perspektiven in Deutschland, 3. Aufl., Frankfurt am Main: Verlagsgruppe Frankfurter Allgemeine Zeitung GmbH 1996, S. 55 ff.

122 Vgl. Roll, Oliver: Marketing im Internet, München: tewi-Verl. 1996, S. 11.

123 Vgl. Scheller, Martin; Boden, Klaus-Peter; Geenen, Andreas; Kampermann, Joachim: Internet: Werkzeuge und Dienste; von „Archie" bis „World Wide

3 Markt und Marketing im Online-Bereich 77

Die Nutzung des Internet erfolgte bis Anfang der neunziger Jahre weitgehend durch Internet-Dienste wie *Telnet*, einem Dienst für Remote-Computing, dem *File Transfer Protocol (FTP)* zum Übertragen von Daten zwischen entfernten Rechnern, *Usenet*, einer Art elektronische Nachrichtenwand und *E-Mail* zum Verschicken und Empfangen elektronischer Post.[124] Durch die „gemeinsame Sprache" TCP/IP und die darauf aufbauenden Protokolle für die einzelnen Dienste ist bis heute die Kommunikation zwischen den verschiedensten Rechnersystemen möglich (vgl. Abbildung 13[125]).

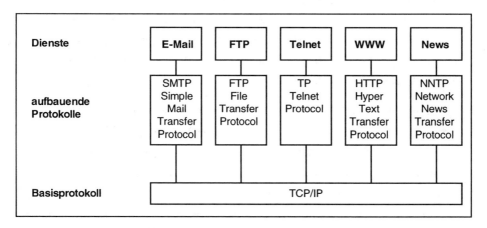

Abb. 13: Protokolle und Dienste im Internet

Web", Berlin et al.: Springer 1994, S. 11 f. und 17. Weiterführende Informationen zu den Machtverhältnissen innerhalb der Internet-Organisationen vgl. Grund-Ludwig, Pia: Die heimlichen Machthaber im Internet, in:Chip, Heft 4/1997, S. 282 ff.

124 Vgl. Scheller, Martin; Boden, Klaus-Peter; Geenen, Andreas; Kampermann, Joachim: Internet: Werkzeuge und Dienste; von „Archie" bis „World Wide Web", a. a. O., S. 8 f.

125 Eigene Darstellung in Anlehnung an Lampe, Frank: Business im Internet: Erfolgreiche Online-Geschäftskonzepte, a. a. O., S. 29.

Heute verfügt das Internet im Vergleich zu anderen Netzen über die höchsten Zuwachsraten.[126] Das läßt sich eindeutig auf das Anfang der neunziger Jahre am europäischen Kernforschungsinstitut CERN entwickelte *World Wide Web (WWW)* zurückführen. Beim WWW handelt es sich um einen neuen integrativen und multimedialen Internet-Dienst, der erstmals die Nutzung infrastruktureller Internet-Ressourcen über eine graphische Benutzeroberfläche erlaubte.[127] Im Gegensatz zu der bis dahin üblichen zeichenorientierten Bedienung der einzelnen Internet-Dienste, die zum Teil auch tiefergehende Netzwerk- und Betriebssystemkenntnisse erforderten, konnten Informationen nun über eine einfache und intuitiv zu bedienende Benutzeroberfläche gesucht, beschafft und optisch ansprechend dargestellt werden. Diese stark verbesserte „Usability" machte das WWW neben E-Mail zum heute mit Abstand wichtigsten Dienst im Internet.

Aufgebaut ist das WWW als *Hypermediasystem*, bei dem beliebige Objekte wie Textstellen, Graphiken, oder Animationen über Querverweise als sogenannte *Links* miteinander verbunden werden. Als WWW-Benutzerschnittstelle dienen dabei graphische Oberflächen (*Browser*), mittels derer man durch einfaches Anklicken mit der Maus auf einen hervorgehobenen Link automatisch die querverbundene Information auf seinem Bildschirm erhält. Die Verbindung zu dem Server, auf dem die gewünschte Information abgelegt ist, wird automatisch aufgebaut. Übertragen werden die Daten des WWW über das *Hypertext Transfer Protocol (HTTP)*. Die Darstellung der einzelnen Web-Seiten basiert auf der Seitenbeschreibungssprache *Hypertext*

---

126 Vgl. dazu Kapitel 3.2.5.
127 Vgl. Hünerberg, Reinhard; Heise, Gilbert; Mann, Andreas: Handbuch Online-Marketing: Wettbewerbsvorteile durch weltweite Datennetze, a. a. O., S. 58.

Markup Language (HTML), mit deren Hilfe Hypermedialinks in das Dokument eingebunden werden können.[128]

Durch modulare Erweiterungen der Browser und Programmierumgebungen werden neben der textuellen Informationsdarstellung auch multimediale Audio-, Video- und Animationseffekte sowie die direkte Interaktion zwischen WWW-Nutzern möglich. Java perfektioniert die Interaktivität und Multimedialität und weist den Weg zu benutzerfreundlichen Endeinrichtungen beim Kunden, welche die Fähigkeiten von Personal Computern und TV-Gerät integrieren. Die Entwicklungstendenzen des WWW zeigen, daß zukünftig alle Internet-Dienste in das WWW integriert sein werden und als gemeinsames Protokoll HTTP auf der Basis von TCP/IP benutzen.

3.2.3 Die kommerziellen Online-Dienste

Kommerzielle Online-Dienste führen Kunden und Anbieter in einer eigenen Netzinfrastruktur zusammen, die vom Internet rechtlich, technisch und wirtschaftlich unabhängig ist. Sie sind, im Gegensatz zum Internet, zentral organisiert und haben einen hierarchisch strukturierten Aufbau. Die in Deutschland größten Online-Dienste sind CompuServe (z. Zt. ca. 250.000 Mitglieder) America Online (AOL; z. Zt. ca. 100.000 Mitglieder) und der Online Dienst der Deutschen Telekom (T-Online; z. Zt. ca. 1 Mio. Mitglieder).[129] Neben den eigenen Informationsangeboten und Mehrwertdiensten bieten mittlerweile alle Online-Dienste einen Zugang zum Internet, der die Nutzung der Internet-

---

[128] Vgl. Fritsch, Lothar: Verteilte Systeme - Multimedia: World Wide Web, online im Internet: http://fsinfo.cs.uni-sb.de/~fritsch/Papers/WWW-Paper/node3.html (Stand 19.03.1997).

[129] Zahlenmaterial Stand 31.6.1996. Quelle: DPS Marketing: Marketing Analyse, online im Internet: http://www.intermarket.de/dps/analyse.htm (Stand 02.04.1997).

Dienste E-Mail, Usenet, FTP und WWW erlaubt. Aufgrund proprietärer interner Netzwerktechnik sind diese Online-Dienste nur über eine eigene Softwarelösung zugänglich und nutzbar. Bezüglich Multimedialität und Interaktivität sind die Online-Dienste mit dem WWW vergleichbar.

Im Gegensatz zu diesen *geschlossenen* und vom Internet infrastrukturell unabhängigen Online-Diensten, basieren die *partiell geschlossenen* Online-Dienste wie Microsoft Network (MSN) oder das 1996 wiederbelebte Europe Online (EOL) auf der Technologie und den Standards des Internet. Sie verfügen über einen frei zugänglichen, öffentlichen Teil und einen geschützten Bereich, zu dem nur Mitglieder Zugang haben.[130]

Die zukünftige Entwicklung der Online-Dienste ist noch ungewiß, es läßt sich jedoch eine Tendenz in Richtung Internet und weg von proprietären Standards feststellen. So ist anzunehmen, daß die Online-Dienste die Standards des Internet adaptieren und somit mittel- bis langfristig als partiell geschlossene Systeme im WWW auftreten.[131]

3.2.4 Der breitbandige Online-Bereich für interaktives Fernsehen

Im Gegensatz zum schmalbandigen Online-Bereich müssen die Voraussetzung für den breitbandigen Online-Markt erst noch geschaffen

---

130 Vgl. Hünerberg, Reinhard; Heise, Gilbert; Mann, Andreas: Handbuch Online-Marketing: Wettbewerbsvorteile durch weltweite Datennetze, a. a. O., S. 64.

131 Vgl. Hünerberg, Reinhard; Heise, Gilbert; Mann, Andreas: Handbuch Online-Marketing: Wettbewerbsvorteile durch weltweite Datennetze, a. a. O., S. 80. Daten zu den kommerziellen Online-Diensten liefern Cons, Peter; Boghossian, Nicolas: Deutsche kommerzielle Online-Dienste im Vergleich, online im Internet: http://www.mpi-sb.mpg.de/nicom/online/tabelle.html (Stand 16.03.1997).

werden. Zum einen erfordern die für interaktives Fernsehen zu bewältigenden immensen Datenmengen hochleistungsfähige Übertragungseinrichtungen, zum anderen existieren noch keine standardisierten Endeinrichtungen zur Kommunikation und Interaktion für einen massenmarktfähigen Zugang zum breitbandigen Online-Markt. Beides ist nicht vor dem Jahr 2000 zu erwarten. Als Übertragungseinrichtungen werden vor allem breitbandige terrestrische Übertragungswege auf Glasfaserbasis und Satellitenstrecken eingesetzt. Zusätzlich werden angepaßte Übertragungsverfahren wie *Asynchronous Transfer Mode (ATM)* mit heute bereits erreichbaren Transferraten von 155 Megabit pro Sekunde für die notwendige Übertragungskapazität sorgen. Neben diesen infrastrukturellen Voraussetzungen sind, insbesondere für private Nutzer, tragbare Nutzungsgebühren und einfach zu bedienende Benutzerschnittstellen unabdingbare Voraussetzungen für eine rasche Technologiediffussion.[132]

Unter Marketingaspekten werden die Hauptanwendungsgebiete beim interaktiven Fernsehen mit seinen Services on Demand liegen. Aber auch die heutigen Anwendungen im Schmalbandbereich, allen voran das WWW, werden von der Breitbandtechnologie insbesondere bezüglich Multimedialität und Übertragungsgeschwindigkeit profitieren.

3.2.5 Ökonomische Kenngrößen des Online-Marktes

Für eine Betrachtung der ökonomischen Kenngrößen des Online-Marktes besitzt zur Zeit nur der schmalbandige Bereich Relevanz. Dieser setzt sich aus den kommerziellen Online-Diensten und dem „Marktplatz" des Internet, dem WWW zusammen. Die rein physikalische Ausdehnung entspricht jedoch nicht der wirtschaftlichen Nutz-

---

[132] Vgl. Schwickert, Axel C.; Pörtner, Achim: Der Online-Markt - Abgrenzung, Bestandteile, Kenngrößen, a. a. O., S. 8.

barkeit. Hohe Eintrittsbarrieren machen den Zugang zum Online-Markt auch in Zukunft noch zum Privileg von finanziell leistungsfähigen und in der Nutzung moderner Informationstechnologien versierter Nachfrager.

Versucht man die *Größe des Online-Marktes* abzuschätzen, werden neben den Nutzerzahlen des WWW und der kommerziellen Online-Dienste die Umsätze in diesen Netzwerken betrachtet. Dazu muß man Umsätze, die dem Zugang zum Online-Markt zuzuordnen sind wie Hardware-Kosten oder Provider-Gebühren, von den innerhalb des Online-Marktes erwirtschafteten Umsätzen trennen. Den so definierten Online-Umsätzen sind Bestellungen, Einnahmen aus Werbung, Online-Buchungen, Sponsoring etc. zuzuordnen.[133] Eine Übersicht, die auf aggregierten Schätzungen verschiedener Quellen beruht, gibt Tabelle 6.[134]

Aggregierte Schätzungen Stand: Okt. 1996	Deutschland			Weltweit		
	1996	2000	Wachstum jährlich	1996	2000	Wachstum jährlich
Internet-Knoten (Mio.)	0,5			9,6		
Internet-Nutzer (Mio.)	2,4	5,3	> 20%	40	> 150	> 35%
Nutzer Online-Dienste (Mio.)	1,4	2,0	ca. 10%	11	18	ca. 15%
Nutzer WWW (Mio.)	1,8	4,8	> 25%	16	> 130	> 60%
Online-Umsatz (Mrd. DM)	0,55	> 3,0	> 55%	> 2,5	> 15	> 50%

Tab. 6: Kenngrößen des Online-Marktes

---

133 Vgl. Pörtner, Achim: Konzeption eines Online-Marketings, a. a. O., S. 13.
134 Quelle: Schwickert, Axel C.; Pörtner, Achim: Der Online-Markt - Abgrenzung, Bestandteile, Kenngrößen, a. a. O., S. 11.

3 Markt und Marketing im Online-Bereich

Aussagen über den *durchschnittlichen Online-Nutzer* zu machen, ist aufgrund der hohen Dynamik der Online-Markt-Entwicklung schwierig.[135] In Ermangelung eines repräsentativen Online-Panels[136] sollen im folgenden die Ergebnisse der W3B-Umfrage vom Oktober/November 1996 für ein Profil des durchschnittlichen *Internet-Nutzers* herangezogen werden. Grund für die Wahl dieser Studie ist zum einen die mit 7445 Teilnehmern recht hoch ausfallende Beteiligung, zum anderen liefert sie Ergebnisse über den deutschsprachigen Internet-Nutzer.[137]

Dieser Studie zufolge sind 90,8 % aller deutschsprachigen Internet-Nutzer männlich. 78,4 % verfügen über Hochschulreife. Nach der beruflichen Tätigkeit haben Studenten und Angestellte den höchsten Anteil (29,8 und 36,4 %). Fast die Hälfte (45,3 %) haben über Schule oder Universität Zugang zum Internet. Im World Wide Web werden Produkt- und Firmeninformationen am meisten abgerufen (65,1 und 42,3 %). Online-Shopping ist bei deutschsprachigen Nutzern noch wenig verbreitet, 60 % aller Befragten haben aber vor, bis Mitte 1997 das Internet zum Einkaufen zu benutzen. Vor allem die fehlenden Sicherheitsstandards schrecken die meisten noch ab.

---

135 Vgl. Gräf, Hjördis: Profilierung durch Online-Marketing: Chancen und Risiken der Nutzung elektronischer Märkte für Kunden und Unternehmen, in: THEXIS, Fachzeitschrift für Marketing, Hrsg.: Belz, Christian; Weinhold-Stünzi, Heinz, St. Gallen: Forschungsinst. für Absatz und Handel Heft 1/97, S. 47.
136 Vgl. die Ausführungen zu Online-Panels im Rahmen der Marktforschung in Kapitel 3.3.4.
137 Vgl. Fittkau, Susanne; Maass, Holger (Hrsg.): W3B-Umfrage Oktober/November 1996, online im Internet: http://www.w3b.de/W3B-1996/Okt-Nov/Ergebnisse/Zusammenfassung.html. (Stand 20.03.1997). Zum Vergleich der Profile der amerikanischen und der europäischen Internet-Nutzer vgl. Georgia Tech Research Corporation (Hrsg.): GVU´s 6th User Survey 10/96, online im Internet: http://www.cc.gatech.edu/ gvu/user_surveys/survey-10-1996/.

Einen internationalen Vergleich zwischen Ergebnissen der amerikanischen GVU-Studie und der W3B- Umfrage im Zeitablauf zeigt Tabelle 7.[138]

	W3B 1995 (deutsch)	W3B 1996 (deutsch)	GVU 1995 (international)	GVU 1996 (international)
Altersdurchschnitt	29 Jahre	29 Jahre	33 Jahre	33 Jahre
Geschlecht	6 % weiblich 94 % männlich	9 % weiblich 91 % männlich	29 % weiblich 71 % männlich	32 % weiblich 68 % männlich
Beruf/ Branche	48 % Studenten 33 % Angest. 9 % Selbständ. 4 % Schüler 3 % Beamte 3 % Sonstige	40 % Studenten 30 % Angest. 10 % Selbständ. 5 % Schüler 3 % Beamte 12 % Sonstige	31 % Bildung 29 % Computer 20 % Professional 10 % Management 10 % Sonstige	30 % Bildung 28 % Computer 19 % Professional 11 % Management 12 % Sonstige

Tab. 7: Vergleich deutscher und internationaler Studien zum Nutzerprofil

Vergleicht man die genannten demographischen und verhaltenswissenschaftlichen Aspekte mit der technischen Entwicklung des Internet, lassen sich folgende Annahmen aufstellen, die Bedeutung für den Umgang eines Unternehmens mit den Nutzern haben:

Bis vor kurzem war das Internet ein Medium für Technikbegeisterte, die sich durch eine hohe technische Kompetenz auszeichneten und gegenüber Unzulänglichkeiten im Medium nachsichtig reagierten. Diese „Vorreiter" waren bereit, bei auftretenden Problemen selbständig nach

---

138 Fittkau, Susanne; Maass, Holger: Nutzerdaten als Basis eines erfolgreichen Online-Marketing: Ergebnisse der World Wide Web-Benutzerbefragungen «W3B», in: THEXIS, Fachzeitschrift für Marketing, Hrsg.: Belz, Christian; Weinhold-Stünzi, Heinz, St. Gallen: Forschungsinst. für Absatz und Handel Heft 1/97, S. 13.

einer Lösung zu suchen und sich freiwillig der Netiquette[139] unterzuordnen.

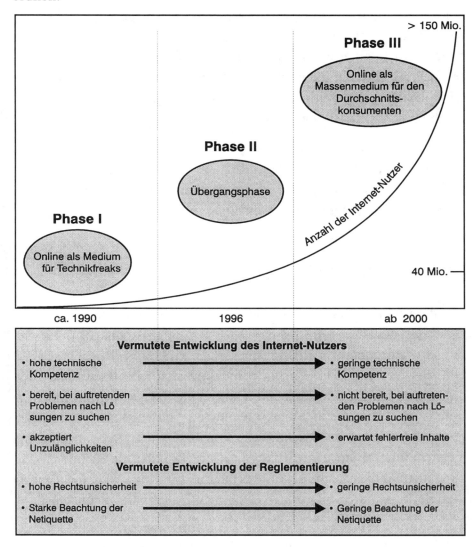

Abb. 14: Annahmen über die Entwicklung im Internet

---

139 Die Netiquette ist ein Kunstwort aus Netizen (Internet-Bürger) und Etiquette und stellt den Verhaltenskodex im Internet dar. Vgl. auch Kapitel 3.2.6.

Mit zunehmender Tendenz des Internet zum Massenmedium ist anzunehmen, daß sich auch das Profil des Internet-Nutzers ändert. Der Nutzer von morgen wird nur noch über relativ geringe technische Kompetenz verfügen und bedienungsfreundliche, fehlerfreie Anwendungen im Internet erwarten. Es ist auch abzusehen, daß mit zunehmender Anzahl der Nutzer die Netiquette an Bedeutung verlieren wird. Gleichzeitig wird die Forderung nach ausreichender Rechtssicherheit im Online-Bereich ansteigen.

Gemäß der getroffenen Annahmen befindet sich das Internet zum aktuellen Zeitpunkt in der Übergangsphase. Dies ist bedeutsam für Unternehmen, da sie sich jetzt noch Anfangsfehler erlauben können. Eine Darstellung der aufgeführten Annahmen findet sich in Abbildung 14.

3.2.6 Die rechtliche Situation

Mit dem Inkrafttreten des Informations- und Kommunikationsdienste-Gesetzes (IuKDG, „Multimedia-Gesetz") zum 1. August 1997 existieren in Deutschland erstmalig spezifische rechtliche Regelungen für Online-Dienste.[140] Das Gesetz beschränkt sich auf wesentliche Aussagen, um den für die wirtschaftliche Entwicklung moderner Informations- und Kommunikationstechnologien notwendigen rechtlichen Handlungsrahmen zu beschreiben. Von besonderer Relevanz für die Versicherungsbranche ist Artikel 3 des IuKDG, der die Rahmenbedingungen (nicht die technischen Verfahren) für einen sicheren Einsatz digitaler Signaturen im offenen Rechts- und Geschäftsverkehr festlegt.

---

140 Bundesministerium für Bildung und Wissenschaft (Hrsg.): Das Informations- und Kommunikationsdienste-Gesetz (IuKDG) - Kurzdarstellung, online im Internet: http://www.bmbf.de/archive/magazin/mag97/kw25/informat.htm (Stand 01.09.1997). Unter der Online-Adresse http://www.bmwi-info2000.de/gip/gesetze/index.html steht das IuKDG im vollen Originaltext zum Download zur Verfügung (Stand 01.12.1997).

3 Markt und Marketing im Online-Bereich

Mit digitalen Signaturen kann die z. B. die sichere Identifizierung des Absenders sowie die Authentizität eines Versicherungsvertrages gewährleistet werden. Das IuKDG schafft damit die Grundlage für die noch ausstehende Regelung der Rechtsgültigkeit online abgeschlossener Verträge.

Der Online-Markt befindet sich somit nicht im einem rechtsfreien Raum. In Zweifelsfall ist zu prüfen, ob die „herkömmliche" Rechtsprechung auf diesen Fall anzuwenden ist.[141] Da bezüglich der im Internet zunehmend auftretenden internationalen Rechtsgeschäfte keine eindeutigen und widerspruchsfreien Aussagen vorliegen, beziehen sich die folgenden Ausführungen, wenn nicht anders bezeichnet, auf deutsches Recht.

Bei der Online-Vermarktung von Dienstleistungen, insbesondere in der Versicherungsbranche, treten folgende allgemeine juristische Problemstellungen auf:

- **Herkömmliche Rechtsvorschriften**
  Die herkömmlichen Rechtsbestimmungen bezüglich Betrugs, unlauterem Wettbewerbs oder Vortäuschung falscher Tatsachen gelten auch im Online-Markt.[142]

- **Zustandekommen von Rechtsgeschäften**
  Für das Zustandekommen von einseitigen (z. B. Kündigung) oder zweiseitigen (z. B. Vertrag) Rechtsgeschäften sind Willenserklä-

---

[141] Für eine sehr ausführliche Betrachtung der bei Online-Kommunikation auftretenden juristischen Probleme vgl. Gramlich, Ludwig: Rechtliche Probleme, in: Hünerberg Reinhard (Hrsg.); Heise, Gilbert; Mann, Andreas: Handbuch Online-Marketing: Wettbewerbsvorteile durch weltweite Datennetze, a. a. O., S. 83.

[142] Vgl. Emery, Vince: Internet im Unternehmen: Praxis und Strategien, Übers.: Obermayr, Karl et al., Heidelberg: dpunkt, Verl. für digitale Technologie 1996, S. 118.

rungen notwendig. In Deutschland sind elektronisch oder online abgegebene Willenserklärungen aufgrund der Formfreiheit von Willenserklärungen rechtskräftig. Dies gilt nicht für Rechtsgeschäfte, die einer Formvorschrift unterliegen, wie bspw. Grundstückskäufe oder Bürgschaften.[143]

- **Vertragsbedingungen**
  Liegen einem Kaufvertrag eigene Verkaufsbedingungen zugrunde, so kommt der Vertrag nur zustande, wenn dem Käufer die Bedingungen bei Vertragsabschluß vorgelegen haben oder er in zumutbarer Weise davon Kenntnis nehmen konnte. Ein allgemeiner Hinweis reicht nicht aus.[144] Im Rahmen der Rechtsprechung bezüglich Angeboten des Bildschirmtextes wird eine kurze, verständliche Darstellung der Bedingungen am Bildschirm gefordert. Dies werden die meisten Bedingungen aufgrund ihres Umfangs und komplexen Charakters nicht erfüllen.[145]

- **Streitfall**
  Kommt es bei einem Rechtsgeschäft zum Streit, so muß eine der beteiligten Parteien eventuell nachweisen, daß die Willenserklärung der Gegenseite abgegeben wurde. Aufgrund der fehlenden „körperlichen" Unterschrift wie bei einem schriftlichen Vertrag ist das schwierig. Hier müssen Wege gefunden werden, die abgegebenen Willenserklärungen eindeutig zu identifizieren. Eine Möglichkeit

---

143 Vgl. Strömer, Tobias H.: Ein kurzer Blick auf die Rechtslage in Deutschland, in: Emery, Vince: Internet im Unternehmen: Praxis und Strategien, a. a .O., S. 127 f.

144 Vgl. Gramlich, Ludwig: Rechtliche Probleme, in: Hünerberg Reinhard (Hrsg.); Heise, Gilbert; Mann, Andreas: Handbuch Online-Marketing: Wettbewerbsvorteile durch weltweite Datennetze, a. a. O., S. 93 f.

145 Vgl. Strömer, Tobias H.: Ein kurzer Blick auf die Rechtslage in Deutschland, in: Emery, Vince: Internet im Unternehmen: Praxis und Strategien, a. a. O., S. 128.

dafür ist die Verwendung *digitaler Signaturen*, bei denen das Dokument verschlüsselt wird. Die deutsche Zivilprozeßordnung kennt jedoch keine digitale Unterschrift oder Verschlüsselungstechnik.[146] In der gängigen Online-Praxis ist es deshalb (noch) üblich und zu empfehlen, online zustande gekommene Rechtsgeschäfte offline per Briefpost oder Fax zu bestätigen.

- **Werbung**
  Bei der Werbung eines Unternehmens sind die unterschiedlichen Gesetzesgrundlagen der einzelnen Länder zu beachten, in denen die Werbung geschaltet wird. Beispielsweise ist in den USA im Gegensatz zu Deutschland die vergleichende Produktwerbung erlaubt. Würde ein amerikanisches Unternehmen auf einer deutschen Web-Seite eine vergleichende Werbung plazieren, so würde sie gegen deutsches Wettbewerbsrecht verstoßen. Wenn ein deutscher Nutzer hingegen die vergleichende Werbung auf einer amerikanischen Web-Seite sieht, hat das Unternehmen nicht gegen deutsches Recht verstoßen. In diesem Fall hat das Unternehmen die Werbung nicht in Deutschland verbreitet, vielmehr hat sich der deutsche Online-Nutzer die Werbung aus den Staaten „beschafft".

- **Netiquette**
  Die Netiquette ist lediglich eine Art Verhaltenskodex im Internet und damit keine verbindliche Rechtsvorschrift.[147] Verstößt man jedoch gegen diese Regeln, ist mit umfangreichen Reaktionen der betroffenen Online-Nutzer zu rechnen. Als Beispiel dient der Versuch zweier amerikanischer Rechtsanwälte, die die weltweite Verfügbarkeit von Newsgroups für Werbezwecke ausnutzen wollten.

---

146 Zu den digitalen Unterschriften und Verschlüsselungstechniken siehe Kapitel 3.2.7.
147 Vgl. Obermayr, Karl; Gulbins, Jürgen; Strobel, Stefan; Uhl, Thomas: Das Internet-Handbuch für Windows: Connect & Play mit Eunet´s Surfsuite, Surfkit, Heidelberg: dpunkt, Verl. für digitale Technologie 1995, S. 40 f.

Da unaufgeforderte Werbung im Internet unerwünscht ist, kam es zu unzähligen „unfreundlichen" Antwort-E-Mails (*Flames*), die schließlich den E-Mail-Postkorb der Rechtsanwälte bei ihrem Provider überlastet haben.[148] Oftmals sind diese Flames mit Mailbomben, großen Anhangdateien mit nutzlosem Inhalt, gekoppelt, um den Empfängerpostkorb zu überlasten. Nicht selten kommt es dann zum Abschalten des Postkorbs durch den Access-Provider, um dessen System nicht zu gefährden. Auch für Unternehmen ist folglich die Einhaltung der Netiquette mehr als ratsam.

3.2.7 Die Sicherheitsproblematik

Bei der Sicherheitsproblematik können zwei Bereiche unterschieden werden. Die Sicherheit der Datenübermittlung und die Sicherheit von ans Internet angeschlossen Rechnern und Netzwerken.

Die Sicherheitsproblematik ist zumindest bei den geschlossenen kommerziellen Online-Diensten aufgrund der internen proprietären und auf Sicherheit ausgelegten Netzinfrastruktur von geringerer Bedeutung. Da es sich bei den Online-Diensten um zentral verwaltete Netze handelt, laufen die Daten direkt vom Rechner, an dem sich der Anwender eingewählt hat, zum Zentralcomputer des Online-Dienstes und zurück. Dritten fällt es also schwer, auf die übermittelten Daten zuzugreifen. Auch zahlenmäßig bieten die Netzwerk-Rechner der Online-Dienste weniger Angriffsfläche.[149]

---

148 Vgl. Emery, Vince: Internet im Unternehmen: Praxis und Strategien, a. a. O., S. 118.
149 Vgl. Emery, Vince: Internet im Unternehmen: Praxis und Strategien, a. a. O., S. 138.

Bei dem auf TCP/IP und HTTP basierenden WWW – und damit auch bei den partiell geschlossenen Online-Diensten – hat jedoch die Sicherheitsproblematik aufgrund der *verteilten Datenübermittlung* und der Erreichbarkeit jedes Netzwerk-Rechners einen erheblich höheren Stellenwert.

Im Internet erfolgt die Datenübermittlung mit Hilfe von TCP/IP. Dabei wird die zu übertragende Datenmenge in kleine Pakete aufgeteilt, mit der Zieldresse versehen und an den der Zieladresse nächsten liegenden und verfügbaren Netzwerk-Rechner geschickt. Mit Hilfe der Zieladresse gelangen alle Pakete auf unterschiedlichen Wegen zum Zielrechner und werden dort wieder zusammengesetzt. Gelangt ein Paket nicht ans Ziel, wird es vom Zielrechner neu angefordert. Da diese Pakete über eine Vielzahl von Netzwerk-Rechnern laufen, können sie auch an jeder dieser Stellen eingesehen oder sogar verändert werden. Diese Problematik trifft insbesondere zu, wenn sensible Informationen wie Paßwörter, Kennungen, Kreditkartennummern oder Kontostände als Ergebnis einer Kundenanfrage übermittelt werden.

Aufgrund der eindeutigen Adressierung jedes ans Internet angeschlossenen Rechners ist auch jeder dieser Rechner anwählbar und somit potentiell gegen unbefugten Zugriff gefährdet. Der unbefugte Zugriff kann von einfachem Lesen über Verändern und Löschen von unternehmensinternen Daten bis hin zum Installieren von Viren reichen.

Ein weiteres Problemfeld stellen elektronische Transaktionen dar, wenn Kunden über das Online-Medium Dienstleistungen in Auftrag geben, diese online erbracht und bezahlt werden müssen. Elektronische Transaktionen müssen dabei die folgenden Sicherheitsmerkmale aufweisen, um generell akzeptiert und angewendet zu werden:[150]

---

[150] Vgl. Hünerberg Reinhard (Hrsg.); Heise, Gilbert; Mann, Andreas: Handbuch Online-Marketing: Wettbewerbsvorteile durch weltweite Datennetze, a. a. O., S. 135.

1. *Vertraulichkeit*: Informationsflüsse dürfen von Unberechtigten nicht eingesehen werden
2. *Integrität*: Die abgesendeten Informationen sollen mit den eingetroffenen Informationen übereinstimmen.
3. *Authentizität*: Sicherstellung, daß die abgesendeten Informationen auch tatsächlich vom Absender stammen.
4. *Verbindlichkeit*: Der Empfang bzw. das Versenden von Daten darf von den Empfängern bzw. Versendern nicht bestritten werden.

Im folgenden sollen Möglichkeiten aufgezeigt werden, wie den einzelnen Problemfeldern begegnet werden kann.

- **Verschlüsselung**

  Per *Verschlüsselung* (Kryptographie) wird Klartext-Information in eine Menge von Daten umgewandelt, die den Sinngehalt der Information verbirgt. Nur durch eine Entschlüsselung kann die Information wieder in Klartext zurückverwandelt werden.[151]

  Neben der sicheren Datenübermittlung wird die Verschlüsselung auch zur Erzeugung digitaler Unterschriften eingesetzt, welche die Echtheit und Authentizität eines übermittelten Dokumentes gewährleistet. Dabei wird das verschlüsselte Dokument mit einer Prüfsumme versehen, die jede Änderung des Dokumentes anzeigt und den Absender eindeutig identifiziert.

  Die Anwendungsbereiche der Verschlüsselung liegen in der sicheren, vor Einblicken Dritter geschützten Übermittlung von Informationen.[152] Dies ist insbesondere für online abgegebene Willenser-

---

[151] Vgl. Emery, Vince: Internet im Unternehmen: Praxis und Strategien, a. a. O., S. 165.

[152] Eine beschreibende Auflistung der verschiedenen Verfahren zur Kryptographie findet sich in Emery, Vince: Internet im Unternehmen: Praxis und Strategien, a. a. O., S. 167 ff.

klärungen von Bedeutung, da hier sowohl die Sicherheit als auch die Echtheit der Erklärung gegeben sein muß. (Punkte 1 - 4)

- **Zugangsauthorisation und Transaktionssicherheit**
  Die Zugangsauthorisation wird über eine Kombination aus eindeutiger Benutzerkennung und individuellem Paßwort gewährleistet. Hier ist vor allem die „lasche" Handhabung von Paßwörtern zu vermeiden, wie z. B. die unvorsichtige Weitergabe an Dritte, das Unterlassen der regelmäßigen Änderung oder die unverschlüsselte Übermittlung.

  Besonders im Finanzdienstleistungsbereich spielt die *Transaktionssicherheit* eine große Bedeutung. Eine weit verbreitete Möglichkeit zur sicheren Durchführung von Transaktionen sind *Transaktionsnummern (TAN)*. Der Kunde erhält eine Liste mit einmaligen Transaktionsnummern, die in Verbindung mit seiner Kennung, der *persönlichen Identifikationsnummer (PIN)* eine digitale Unterschrift darstellen. Führt er eine Transaktion durch, bestätigt er diese mit PIN und TAN und beweist dadurch, daß er zu dieser Transaktion berechtigt ist (Punkte 2 - 4). Jede TAN verliert nach ihrem Gebrauch die Gültigkeit.

- **Firewalls**
  Ein weiterer Problembereich entsteht aus der Anbindung unternehmensinterner Netzwerke an das Internet. Einerseits können Angriffe von außen stattfinden, andererseits können vertrauliche Daten nach außen gelangen. Eine Ansammlung von Komponenten zur Abschottung von Datennetzen wird als Firewall bezeichnet. Eine Firewall ist eine Kombination aus Hard- und Software, die wie ein Filtersystem zwischen das Unternehmensnetzwerk und die Außen-

welt des Internet gesetzt wird. Eine Firewall sollte folgende Kriterien erfüllen:[153]
- Jeglicher Datenverkehr von / nach außen passiert die Firewall.
- Nur „bekannter" Datenverkehr wird durchgeschleust.
- Die Firewall selbst ist immun gegen Angriffe.

Vollständige Sicherheit wird und kann es nicht geben. Es sollte jedoch alles daran gesetzt werden, die Sicherheitsproblematik zu minimieren. Dies erfolgt durch die kombinierte Verwendung der vorgestellten Sicherheitslösungen und durch die konsequente Einhaltung der damit verbundenen Sicherheitsbestimmungen.

Die Sicherheit der Datenübertragung stellt den derzeit größten Hinderungsgrund für Handel im Internet dar. Die zunehmende Verfügbarkeit überzeugender Schutzeinrichtungen wird die Entwicklung des WWW als vollwertigen Vertriebskanal wesentlich beeinflussen.[154]

3.2.8 Das World Wide Web als Plattform für Online-Marketing

Der heutige (schmalbandige) Online-Markt in Deutschland tendiert, ähnlich den Entwicklungen in den USA, zunehmend hin zum Internet und damit zum WWW. Dabei sprechen insbesondere folgende technische Gründe für das WWW als Plattform des Online-Marktes:[155]

---

153 Vgl. Cheswick, William R.: Firewalls und Sicherheit im Internet: Schutz vernetzter Systeme vor cleveren Hackern, Bonn et al.: Addison-Wesley 1996, S. 10.

154 Vgl. Armbrecht, Wolfgang; Kohnke, Alexander: Die «Freude am Fahren» bleibt real: Chancen und Grenzen neuer Medien in der Marketingkommunikation aus Sicht eines weltweit agierenden Automobilherstellers, in: THEXIS, Fachzeitschrift für Marketing, Hrsg.: Belz, Christian; Weinhold-Stünzi, Heinz, St. Gallen: Forschungsinst. für Absatz und Handel Heft 1/97, S. 32.

155 Vgl. Schwickert, Axel C.; Pörtner, Achim: Der Online-Markt - Abgrenzung, Bestandteile, Kenngrößen, a. a. O., S. 12 f.

3 Markt und Marketing im Online-Bereich 95

- Die WWW-Nutzerzahlen in Deutschland steigen im Durchschnitt doppelt bis dreimal so stark wie die der großen Online-Dienste. Auf internationaler Ebene ist der gleiche Trend zu beobachten.

- Alle Online-Dienste bieten heute bereits einen WWW-Zugang an.

- Die geschlossenen Bereiche der Online-Dienste sind weder untereinander verknüpft noch vom Internet aus ohne spezielle Authorisierung zugänglich.

- Online-Dienste (z. B. CompuServe und AOL) ermöglichen ihren Kunden, eine eigene WWW-Präsenz zu betreiben.

- Im WWW können, profitierend durch die dynamischen Entwicklungen im Bereich der Programmiersprachen und Plug-Ins[156], die Möglichkeiten und Potentiale eines multimedialen Online-Mediums für die breite Masse derzeit am besten realisiert werden.

- Das Angebot an Informationsinhalten im WWW steigt im Gegensatz zu den kommerziellen Online-Diensten stetig an.

- Über das Internet-Protokoll TCP/IP können die unterschiedlichsten Rechnerwelten miteinander kommunizieren. Diese Plattform-Unabhängigkeit erlaubt die Integration der WWW-Technologie in unternehmensinterne Netzwerke (Intranets). Dazu statten besonders die marktbeherrschenden Hersteller von Standard-Software (z. B. SAP) ihre Produkte mit vorgefertigten WWW-Schnittstellen aus.

- Mit dem zu erwartenden ansteigenden Angebot an Hardware- und Softwarelösungen für die Sicherheitsproblematik entfallen die heute noch existierenden Barrieren für Online-Transaktionen.

---

156 Bei Plug-Ins handelt es sich um Softwaremodule, welche die multimedialen Eigenschaften von Browsern erweitern können.

In Zukunft ist damit zu rechnen, daß sowohl aus Kostengründen als auch aus Gründen der weltweiten Verbreitung alle Online-Dienste die Standards des Internet und des WWW adaptieren und als partiell geschlossene Systeme im WWW aufgehen werden.[157]

3.3 Grundlagen des Online-Marketing

3.3.1 Abgrenzung und Definition

Unternehmen verfügen in der Regel über langjährige Erfahrung hinsichtlich des Einsatzes der klassischen Marketingstrategien und -instrumente. Für das zu Beginn der neunziger Jahre hinzugekommene Online-Marketing liegen aber nur vereinzelt Erkenntnisse vor. Die Frage, ob Online-Marketing sinnvoll ist und vom Unternehmen betrieben werden sollte, stellt sich dabei oftmals gar nicht. „Denn genauso wie der Einsatz elektronischer Medien reputationsstützend wirken kann, wird etwa die Nicht-Präsenz im Internet als Nachteil oder Rückwärtsrichtung empfunden."[158] Legt man die in Kapitel 3.2.5 getroffene Annahme zugrunde, der zufolge sich das Internet in einer Übergangsphase befindet, erkennt man, daß einem Unternehmen nicht viel Zeit verbleibt, um Erfahrungen mit dem neuen Medium zu sammeln. Die Beschäftigung mit Online-Marketing wird dann zur strategischen Notwendigkeit. Wenn sich ein Unternehmen für einen Online-Auftritt entscheidet, muß es sich der Langfristigkeit einer solchen Entscheidung bewußt sein.

---

[157] Vgl. Hünerberg Reinhard (Hrsg.); Heise, Gilbert; Mann, Andreas: Handbuch Online-Marketing: Wettbewerbsvorteile durch weltweite Datennetze, a. a. O., S. 80 f.

[158] Armbrecht, Wolfgang; Kohnke, Alexander: Die «Freude am Fahren» bleibt real: Chancen und Grenzen neuer Medien in der Marketingkommunikation aus Sicht eines weltweit agierenden Automobilherstellers, a. a. O., S. 33.

3 Markt und Marketing im Online-Bereich

Online-Marketing soll wie folgt definiert werden: Online-Marketing ist eine Form der interaktiven kommerziellen Kommunikation, die mittels vernetzter Informationssysteme mit Individuen oder Massen kommuniziert, eine globale Verbreitung finden kann und das Ziel des unternehmerischen Erfolgs hat.[159] Das folgende Kapitel beschäftigt sich mit den Grundlagen der Online-Kommunikation und deren Auswirkung auf das Online-Marketing.

3.3.2 Paradigmenwechsel in der Kommunikation

Menschen versuchen mit Hilfe der Kommunikation bestimmte Inhalte oder Botschaften zu übermitteln.[160] Dazu stehen ihnen neben der direkten, persönlichen „Face-to-face-Kommunikation" verschiedene indirekte Kommunikationsformen (vgl. Abbildung 15) zur Verfügung, die sich nach drei Kriterien einordnen lassen:[161]

- Media Richness,
- Anzahl der Empfänger,
- Zeitpunkt des Empfangs.

Unter *Media Richness* wird der Informationsgrad der übertragenen Botschaft verstanden. Kommunikation beinhaltet z. B. nicht nur das gesprochene Wort, auch mit Hilfe von Mimik oder Gestik werden Informationen übermittelt. Jedes verwendete Medium hat jedoch die Ei-

---

159 Vgl. Oenicke, Jens: Online-Marketing: kommerzielle Kommunikation im interaktiven Zeitalter, a. a. O., S. 13.
160 Kommunikation ist nicht auf Menschen beschränkt. Kommunikation kann auch zwischen Mensch und Rechner oder zwischen Rechner und Rechner stattfinden. Der Verständlichkeit halber werden die Ausführungen über die Grundlagen der Kommunikation am Beispiel der menschlichen Kommunikation erläutert.
161 Vgl. Werner, Andreas; Stephan, Ronald: Marketing-Instrument Internet, Heidelberg, Verl. für digitale Technologie 1997, S. 6.

genart, einschränkend auf den Umfang der Media Richness zu wirken.[162] Beispielsweise kann ein Telefon keine Bilder oder ein Fax keine Töne übertragen.

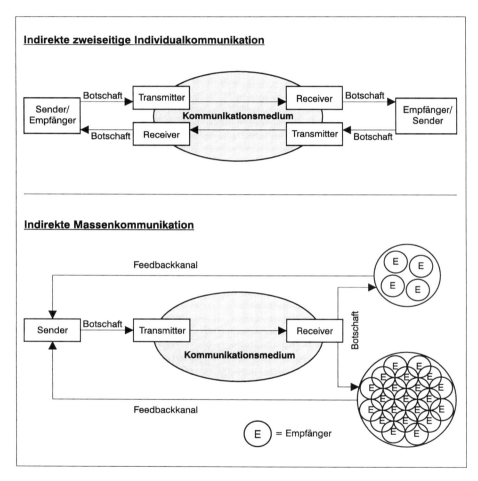

Abb. 15: Grundlagen der Individual- und Massenkommunikation[163]

---

162 Vgl. Oenicke, Jens: Online-Marketing: kommerzielle Kommunikation im interaktiven Zeitalter, a. a. O., S. 60.

Nach der *Anzahl der Empfänger* kann man grob die Individual- von der Massenkommunikation unterscheiden. Bei der Individualkommunikation übermittelt ein Sender einem Empfänger über ein Medium eine Botschaft. Der Zugang zum Medium erfolgt über Transmitter und Receiver, deren Aufgabe es ist, die Botschaft in eine für das Kommunikationsmedium übertragbare Form zu übersetzen. Die Kommunikation erfolgt *bilateral*, also zwischen zwei Gesprächspartnern. Die gegen- oder zweiseitige Kommunikation wird über den ständigen Wechsel von Empfänger- und Senderrolle gewährleistet.

Bei der im Sinne des traditionellen Marketing herkömmlichen Massenkommunikation findet die Kommunikation *multilateral* über ein Kommunikationsmedium statt, d. h. zwischen einem Sender und einer Vielzahl von Empfängern. Dabei können verschiedene Abstufungen von der gruppenbezogenen Kommunikation, bei der nur gezielt bestimmte Personengruppen angesprochen werden, bis hin zur anonymen Massenkommunikation, mit der ungerichteten Ansprache eines breiten Zielpublikums, unterschieden werden. Bei der Kommunikation mit Gruppen oder Massen gibt es nur eingeschränkte Reaktionsmöglichkeiten seitens der Empfänger. Diese erfolgen meist über einen vom Medium getrennten Feedbackkanal, beispielsweise eine Reaktion per Brief auf eine Werbeanzeige.[164]

Schließlich kann man Kommunikationsmöglichkeiten auch nach dem *Zeitpunkt des Empfangs* unterscheiden. Bei der synchronen Kommunikation findet die Verständigung über das Medium gleichzeitig statt. Bei der asynchronen Kommunikation erfolgt ein zeitversetzter Emp-

---

163 Abbildung in Anlehnung an das Kommunikationsmodell von Claude E. Shannon und Warren Weaver, vgl. dazu Oenicke, Jens: Online-Marketing: kommerzielle Kommunikation im interaktiven Zeitalter, a. a. O., S. 63 f.

164 Vgl. Hansen, Hans Robert: Klare Sicht am Info-Highway: Geschäfte via Internet & Co., unter Mitarbeit von Christian Bauer, Wien: Verlag Orac 1996, S. 118 f.

fang der Botschaft. Beispiele für die synchrone und asynchrone Individualkommunikation sind Telefongespräch (synchron) und Fax (asynchron), für die Massenkommunikation der Liveauftritt im Fernsehen (synchron) und die Videoaufzeichnung einer Rede (asynchron).

Um die verschiedenen Kommunikationsformen zu ermöglichen, mußten bisher unterschiedliche Medien eingesetzt werden. Bei Unternehmen erfolgt dies im Rahmen der internen und externen Kommunikationspolitik.[165] Die Online-Kommunikation ermöglicht erstmals den kombinierten Einsatz aller Kommunikationsformen mit Hilfe eines Mediums. Dabei kommen der Online-Kommunikation eine Reihe von Eigenschaften zu, die das Online-Medium nicht nur als Weiterentwicklung klassischer Medien ausweisen, vielmehr bilden sie den eigentlichen Grundstein des Online-Marketing:[166]

- Multifunktionalität,
- Interaktivität,
- Multimedialität,
- Datenmächtigkeit und
- raum-zeitliche Unbegrenztheit.

Mit *Multifunktionalität* ist die Möglichkeit gemeint, in Abhängigkeit der Zielsetzung sowohl Individual-, als auch Massenkommunikation innerhalb eines Mediums betreiben zu können. Beispiele für die unterschiedlichen Ausprägungen der Individualkommunikation sind in Tabelle 8 dargestellt.

---

165 Vgl. dazu die Kapitel 2.4.2 und 2.4.3.
166 Vgl. Hünerberg, Reinhard; Heise, Gilbert; Mann, Andreas: Was Online-Kommunikation für das Marketing bedeutet, in: THEXIS, Fachzeitschrift für Marketing, Hrsg.: Belz, Christian; Weinhold-Stünzi, Heinz, St. Gallen: Forschungsinst. für Absatz und Handel Heft 1/97, S. 16.

3   Markt und Marketing im Online-Bereich   101

Formen der Individual-kommunikation	bilateral	multilateral
synchron	Individual Chat[167]	Multi User Chat
asynchron	E-Mail	Newsgroups

Tab. 8:   Beispiele für Online-Individualkommunikation

Interaktivität bezeichnet die direkte Reaktionsmöglichkeit des Empfängers auf eine empfangene Botschaft über dasselbe Kommunikationsmedium. Interaktivität ist mit Abstufungen bei allen Kommunikationsformen gegeben. Der höchste Grad der Interaktivität ist bei der synchronen Individualkommunikation gegeben. Aber auch die Massenkommunikation mittels des World Wide Web erlaubt Interaktivität, wobei es sich zunächst nicht um Interaktionsmöglichkeiten des Empfängers mit dem Sender handelt, sondern vielmehr um eine Interaktivität mit dem Medium.[168] Die Interaktivität mit dem Medium wird durch Bereitstellung entsprechender Informationen gewährleistet, die durch Links abrufbar sind.

Multimedialität[169] wird vor allem über das WWW realisiert und ermöglicht im Gegensatz zu herkömmlichen Medien der Massenkommunikation einen hohen Grad der Media Richness.[170] Allerdings müssen beim Einsatz von Multimedia die Anforderungen an die Hard- und Software-Ausstattung des Empfängers berücksichtigt werden; nicht al-

---

167   Chat: engl. für plaudern. Internet-Relay-Chat IRC ist eine Form der Echtzeit-Unterhaltung im Internet. Dazu wählen sich Online-Nutzer in einen Chatroom ein und können sich dort per Tastatur mit anderen Anwesenden „unterhalten".
168   Vgl. Hünerberg, Reinhard; Heise, Gilbert; Mann, Andreas: Was Online-Kommunikation für das Marketing bedeutet, a. a. O., S. 16.
169   Vgl. Kapitel 3.2.1.
170   Zur Zeit sind nur das WWW und die kommerziellen Online-Dienste multimedial. Es wird aber daran gearbeitet, auch E-Mail auf Basis von HTML multimediafähig zu machen.

le Online-Nutzer verfügen über die entsprechende Ausrüstung. Des weiteren ist zu beachten, daß die Kosten der Übertragung beim Empfänger liegen und ein entsprechend aufwendiges Online-Angebot beim Empfänger zu langen Bildaufbauzeiten und damit hohen Kosten führt.

Die *Mächtigkeit der Datennetze* bezeichnet die Informationsvielfalt des Online-Mediums. Für nahezu alle Bereiche existieren Informationen im Internet, die der Nutzer abrufen kann. Diese Vielfalt führt allerdings im Internet zu einer Informationsüberladung, die dem Online-Nutzer das Auffinden der gesuchten Informationen erschwert. Hier bieten zumindest die kommerziellen Online-Dienste eine Vorstrukturierung, die dem Nutzer die Suche erleichtert.

Die *raum-zeitliche Unbegrenztheit* schließlich ergibt sich aus der globalen Struktur und der Verfügbarkeit des Online-Mediums unabhängig von Ort und Zeitpunkt. Des weiteren sind Informationen mit dem Zeitpunkt der Veröffentlichung weltweit verfügbar und besitzen damit potentiell eine hohe *Aktualität*.

Zusammengefaßt beinhaltet Online-Kommunikation die integrierte Verwendung verschiedener Kommunikationsformen innerhalb eines Mediums mit der Möglichkeit der Interaktion zwischen den *Kommunikatoren* Sender und Empfänger. Übermittelte Botschaften können aufgrund möglicher multimedialer Eigenschaften einen hohen Grad an Informationen enthalten. Einmal veröffentlichte Informationen sind weltweit abrufbar und aktuell.

Die Besonderheiten der Online-Kommunikation ergeben sich vor allem aus den neuen Möglichkeiten für die Massenkommunikation, die sich durch die Interaktivität vom *Monolog* zum *Dialog* entwickelt. Dies ermöglicht den im Rahmen der Kundenorientierung wichtigen Wandel vom Massenmarketing zum Relationship-Marketing.[171]

---

171 Vgl. Bachem, Christian: Erfolgsfaktoren für Online Marketing: illustriert am Beispiel aktueller Projekte, in: THEXIS, Fachzeitschrift für Marketing, Hrsg.:

3 Markt und Marketing im Online-Bereich   103

Eine zusammenfassende Darstellung der Online-Kommunikation aus globaler und aus Unternehmenssicht wird in Abbildung 16 gezeigt.[172]

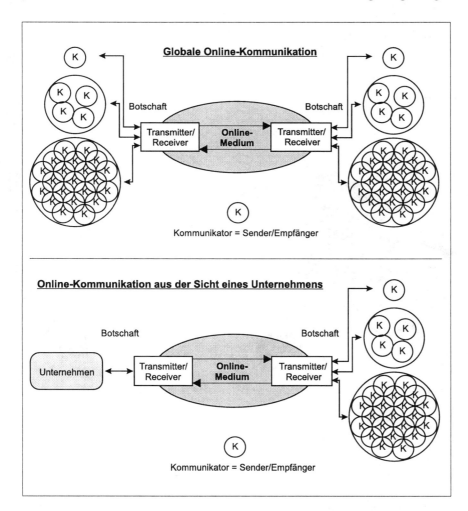

Abb. 16: Grundlagen der integrierten Online-Kommunikation

   Belz, Christian; Weinhold-Stünzi, Heinz, St. Gallen: Forschungsinst. für Absatz und Handel Heft 1/97, S. 24.
172 Eigene Darstellung in Anlehnung an Oenicke, Jens: Online-Marketing: kommerzielle Kommunikation im interaktiven Zeitalter, a. a. O., S. 64.

3.3.3 Von nationalen zu globalen Märkten

Der Online-Markt wird nicht mehr durch Ländergrenzen definiert, sondern durch die Verbreitung der elektronischen Netze. Legt man zur Verbreitung des Internet Abbildung 17[173] zugrunde, sind mit Stand Juni 1996 nur noch einige wenige Länder nicht ans Internet angeschlossen.

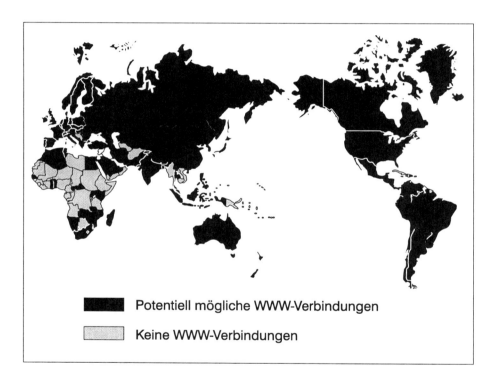

Abb. 17: WWW-Connectivity

---

[173] Vgl. Landweber Larry: Internet Connectivity Table, online im Internet: http://www.dsl.ics.tut.ac.jp/~okuyama/internetgif/connectivity-map-v15.gif (Stand 21.03.1997).

Kennzeichen des globalen Online-Marktes sind eine zunehmende *Markt- und Preistransparenz*, die daraus resultiert, daß Unternehmen bereit sind, Produktinformationen, Preise und Lieferbedingungen online anzubieten. Konsumenten haben dadurch die Möglichkeit, zu jedem Zeitpunkt und von jedem Ort die gewünschten Informationen abrufen zu können. Daraus ergibt sich aus Sicht der Unternehmen ein *„Anytime-and-anywhere-Anspruch"* der Nachfrager, der Unternehmen zu schnellen Reaktionen und ständiger Aktualität zwingt.[174]

Ein im weltweiten Online-Markt agierendes Unternehmen bedarf einer international ausgerichteten Online-Präsenz. Es sollte geprüft werden, ob es z. B. zu Problemen bezüglich Produktnamen in anderen Sprachen oder zu Anstößen an den Werbebotschaften der Online-Präsenz infolge kultureller oder sozialer Hintergründe kommen kann.[175]

Bereits international tätige Unternehmen mit unterschiedlichen Strategien für die einzelnen Zielmärkte sollten überlegen, ob sie zu einer global einheitlichen Produktstrategie übergehen, oder ob sie für jedes Produkt entsprechend ihrer herkömmlichen internationalen Marketingstrategie einen eigenen Online-Auftritt mit adaptiertem Marketing-Mix realisieren. Vor allem bei unterschiedlicher Preispolitik besteht aufgrund der weltweiten Verfügbarkeit der Informationen die Gefahr des Imports aus preisgünstigeren Märkten.

Für Unternehmen, die zuvor noch nicht international tätig waren, müssen zusätzlich zur Gestaltung der Online-Präsenz Fragen der Logistik und der Zahlungsabwicklung beantwortet werden.[176] Ist ein globaler

---

174 Vgl. Oenicke, Jens: Online-Marketing: kommerzielle Kommunikation im interaktiven Zeitalter, a. a. O., S. 43.
175 Vgl. auch Kapitel 3.3.5 mit Ausführungen zur Kommunikationspolitik im Online-Medium.
176 Vgl. Oenicke, Jens: Online-Marketing: kommerzielle Kommunikation im interaktiven Zeitalter, a. a. O., S. 45.

Online-Auftritt nicht gewünscht, sollte in der Web-Site darauf hingewiesen werden.

3.3.4 Marktforschung im Internet

Unter Marktforschung wird der systematische Prozeß der Gewinnung und Analyse von Daten für Marketingentscheidungen verstanden.[177] Gerade für die Datenerhebung bietet das Internet zahlreiche neue Möglichkeiten.

Die Marktforschung kann in *Primär-* und *Sekundärforschung* unterschieden werden. Bei der Primärforschung versucht ein Unternehmen mit Hilfe der *direkten* oder der *indirekten* Primärforschung, selbst die Daten zu erheben. Im Rahmen der direkten Primärforschung im Internet erfolgt die Datenerhebung mit Wissen und Einverständnis des Internet-Nutzers. Hierzu stehen einem Unternehmen verschiedene Möglichkeiten zur Verfügung, die im folgenden kurz vorgestellt werden sollen:

- E-Mail-Fragebogen
- WWW-Fragebogen
- Registrierkarten
- Online-Panels

Der *E-Mail-Fragebogen* ist ein elektronisch entworfener Fragebogen, der inhaltlich dem herkömmlichen Brief-Fragebogen entspricht. Der Empfänger wird gebeten, den ausgefüllten Fragebogen entweder ausgedruckt per Post oder Fax oder direkt per E-Mail zurückzusenden.

---

177 Vgl. Lampe, Frank: Business im Internet: Erfolgreiche Online-Geschäftskonzepte, Hrsg.: Ramm, Frederik, Braunschweig; Wiesbaden: Vieweg 1996, S. 110.

Die direkte Rücksendung per E-Mail ist dabei vorzuziehen, da nur sie eine automatische Auswertung in einer Datenbank ermöglicht. Vorteile des E-Mail-Fragebogens gegenüber dem brieflichen Fragebogen sind die einfache und kostengünstige Durchführung und die Möglichkeit einer automatisierten Auswertung. Als Nachteile sind unterschiedliche Konfigurationen der E-Mail-Clients auf Seiten der Empfänger zu nennen, die lange E-Mails unter Umständen ablehnen oder nicht vollständig anzeigen.

E-Mail-Fragebögen sollten nicht unaufgefordert an Empfänger geschickt werden. Dies verstößt gegen die Netiquette und kann ungewollte Konsequenzen hervorrufen, zumal der Empfänger für ankommende E-Mails Kosten zu tragen hat.[178] Sinnvoller ist es, diese Fragebögen entweder an bestehende Kunden zu schicken, die einen damit Bezug zum Unternehmen haben oder zuvor die Einverständniserklärung einzuholen.[179] Als Empfehlung sollte der E-Mail-Fragebogen kurz gehalten werden und möglichst unaufdringlich sein. Je länger der Fragebogen ist, desto niedriger wird die Rücklaufquote ausfallen. Auch ein Ankündigungsschreiben über die bevorstehende E-Mail-Aktion kann die Akzeptanz beim Empfänger erhöhen.[180] Die Herkunft der E-Mail-Adressen kann über firmeneigene Kundendateien erfolgen, sofern diese über die E-Mail-Einträge verfügt. Es gibt auch die Möglichkeit, E-Mail-Adressen zu kaufen, davon sollte aber abgeraten werden, da Empfänger, die das Unternehmen nicht kennen, der Aktion eher ablehnend gegenüberstehen werden.[181]

---

178 Vgl. die Ausführungen zur Netiquette in Kapitel 3.2.6.
179 Vgl. Emery, Vince: Internet im Unternehmen: Praxis und Strategien, a. a. O., S. 319.
180 Vgl. Emery, Vince: Internet im Unternehmen: Praxis und Strategien, a. a. O., S. 318.
181 Vgl. Lampe, Frank: Business im Internet: Erfolgreiche Online-Geschäftskonzepte, a. a. O., S. 113.

Der *WWW-Fragebogen* ist ein HTML-Dokument, das auf der Web-Site des Unternehmens veröffentlicht wird und die automatische Erfassung und Auswertung in einer Datenbank ermöglicht. Dazu muß der potentielle Teilnehmer auf die Web-Site des Unternehmens geführt werden, um den Fragebogen auszufüllen. WWW-Befragungen müssen folglich durch Werbung bekanntgemacht werden.[182] Aufgrund der multimedialen Eigenschaften des WWW können auch komplexe Zusammenhänge mit Hilfe von Bildern, Animationen oder kurzen Filmen im Rahmen des Fragebogens dargestellt werden.[183] Einen weiteren Vorteil bietet die Möglichkeit der schnellen und kontinuierlichen Auswertung, da die Ergebnisse der ausgefüllten Fragebögen in einer Datenbank vorliegen sowie die weltweite Erreichbarkeit des Fragebogens.[184]

Das größte Problem der WWW-Befragungen liegt in der Selbstauswahl der Teilnehmer. Da zu vermuten ist, daß vor allem Vielnutzer den Weg zu den Befragungen finden werden, werden zum Beispiel die Daten zu den Durchschnittsnutzungszeiten zu hoch sein. Besondere Bedeutung kommt deshalb der Werbung für die Befragung zu. Um möglichst repräsentative Teilnehmer zu erhalten, sollten deshalb alle Formen der Werbung eingesetzt werden, also klassische Werbung, Pressemitteilungen, Mitteilungen in Newsgroups oder Werbeflächen auf stark frequentierten Web-Seiten. Des weiteren können auch zu-

---

182 Vgl. Emery, Vince: Internet im Unternehmen: Praxis und Strategien, a. a. O., S. 318.

183 Eine Anwendung wäre beispielsweise die Conjoint-Analyse, bei der die Teilnehmer Produkte über Eigenschaften vergleichen müssen. Vgl. Werner, Andreas; Stephan, Ronald: Marketing-Instrument Internet, a. a. O., S. 195.

184 Vgl. Werner, Andreas; Stephan, Ronald: Marketing-Instrument Internet, a. a. O., S. 190.

sätzliche Telefoninterviews geführt werden, um die online gewonnen Erkenntnisse zu gewichten.[185]

Die dritte Möglichkeit der direkten Datenermittlung sind *Registrierkarten* für Abonnements. Dabei bietet ein Unternehmen eine kostenlose Leistung an, beispielsweise den Zugriff auf eine elektronische Zeitschrift, unter der Bedingung, daß sich Interessenten dafür registrieren lassen und eine entsprechende Anmeldung ausfüllen. Der Nutzer bekommt die Bestätigung und die Zugangspaßwörter per E-Mail zugeschickt.[186]

Registrierkarten dienen vornehmlich der Gewinnung von Adressen. In Kombination mit den Möglichkeiten der indirekten Primärforschung lassen sich Nutzerprofile gewinnen, die zusammen mit den Adressen für Cross-Selling-Aktionen benutzt werden können.[187] Neben der Angabe der E-Mail-Adresse oder persönlicher Daten erlauben Registrierkarten die Aufnahme einzelner Fragen, so daß auch kleinere Umfragen auf diesem Weg durchgeführt werden können. Nachteilig bei diesem Verfahren ist neben dem hohen Aufwand für die Verwaltung der Paßwörter beim Anbieter der zusätzliche Aufwand, der dem Benutzer aufgezwungen wird. Beispielsweise müßte er bei zehn Abonnements zehn Paßwörter bereithalten. Außerdem haben Registrierkarten aufgrund der Datenschutzsensibilität der Internet-Nutzer eine hohe Abschreckungswirkung.[188]

---

185 Vgl. Werner, Andreas; Stephan, Ronald: Marketing-Instrument Internet, a. a. O., S. 192.
186 Vgl. Werner, Andreas; Stephan, Ronald: Marketing-Instrument Internet, a. a. O., S. 183.
187 Vgl. Lampe, Frank: Business im Internet: Erfolgreiche Online-Geschäftskonzepte, a. a. O., S. 117.
188 Vgl. Lampe, Frank: Business im Internet: Erfolgreiche Online-Geschäftskonzepte, a. a. O., S. 117.

Online-Panels entsprechen der Panel-Technik, die bei der Erfassung von Fernsehzuschauerzahlen benutzt wird. Dabei wird auf dem Rechner des Anwenders eine Software installiert, welche die ausgeführten Aktionen und Nutzungszeiten dokumentiert. Der so erstellte Datensatz wird in regelmäßigen Abständen an die auswertende Stelle übermittelt.[189] Beispiel für ein Online-Panel ist *PC-Meter*, das in Deutschland von der Gesellschaft für Konsumforschung (GfK) betreut werden soll.

Neben der Angabe von Nutzungszeiten sollen Online-Panels auch Fragen beantworten wie z. B.:

- Wie oft nutzen Internet-Nutzer Bookmarks[190]?
- Welche verschiedenen WWW-Angebote werden besucht?
- Welche Dienste des Internet werden neben dem WWW in Anspruch genommen?

Probleme bei Online-Panels ergeben sich vor allem durch die schnelle Änderung der demographischen Daten der Internet-Nutzer. Um ein repräsentatives Panel zu entwickeln, ist die ständige Pflege und Restrukturierung des Panels erforderlich. Dies ist aufgrund des explosiven Wachstums des Internet nur schwer und unter hohen Kosten zu erreichen.[191]

Nachteilig an allen Formen der direkten Datenerhebung ist die fehlende Repräsentativität der erhobenen Stichproben, da naturgemäß alle Personen ausgeschlossen sind, die nicht über einen Online-Zugang verfügen. Online-Umfragen eignen sich daher nur für Fragestellungen,

---

189 Vgl. Werner, Andreas; Stephan, Ronald: Marketing-Instrument Internet, a. a. O., S. 183 f.

190 Ein Bookmark ist ein Lesezeichen in einem Browser, mit dem man interessante Adressen speichern und bei Bedarf direkt aufsuchen kann.

191 Vgl. Werner, Andreas; Stephan, Ronald: Marketing-Instrument Internet, a. a. O., S. 184.

3 Markt und Marketing im Online-Bereich

die keiner Repräsentativität bedürfen; populationsrepräsentative Umfragen sind nur bedingt möglich. Generell vorteilhaft sind die im Vergleich zur herkömmlichen Feldforschung geringeren Kosten, die Einfachheit der Durchführung und das Vorliegen der Ergebnisse in elektronischer Form.[192]

Im Gegensatz zu den Methoden der vorgestellten direkten Datenerhebung erfolgt die indirekte Erfassung von Marktforschungsdaten im Internet ohne vorheriges, explizites Einverständnis der Nutzer. Grundlage dieser Erhebungsmethode ist die Tatsache, daß ein Nutzer eine gewünschte Information, z. B. ein Dokument oder eine Graphik, individuell von einem Server abrufen muß. So können zum Beispiel Statistiken über Anzahl der eingehenden E-Mails oder die Inanspruchnahme des FTP-Servers angefertigt werden.

Im folgenden sollen Möglichkeiten der Datenerhebung vorgestellt werden, die aufgrund unterschiedlicher Zugriffe auf eine Web-Site erstellt werden können:

- Digit Counter
- Logfile-Analyse
- Nutzeridentifikationen

Digit Counter ist ein Programm, das die vom Nutzer abgerufenen Seiten mitzählt. Dabei handelt es sich um alle zum Browser des Nutzers gesendeten HTML-Dokumente. Andere in die Seite eingebundene Elemente (z. B. Graphiken) werden nicht gezählt.[193] Die Aussagekraft dieses Verfahrens ist gering. Zum einen werden nur Daten über die

---

192 Vgl. Werner, Andreas; Stephan, Ronald: Marketing-Instrument Internet, a. a. O., S. 194.
193 Vgl. Werner, Andreas; Stephan, Ronald: Marketing-Instrument Internet, a. a. O., S. 176. Beispielsweise sind auf Web-Seiten oft Einträge zu finden, wie „Sie sind der 002343. Besucher auf dieser Seite".

Anzahl der abgerufen Seiten erfaßt, nicht aber über den jeweiligen Nutzer. Zum anderen werden Web-Seiten, die von einem Proxy-Server[194] vorgehalten werden, nicht mitgezählt. Dies kann man zwar durch das Einbinden dynamischer Inhalte (z. B. Uhrzeit) umgehen, die den Proxy-Server dazu zwingen, aktuelle Seiten vom Server abzurufen, die höheren Ladezeiten können aber den Unmut der Nutzer hervorrufen.[195]

Wie bereits erwähnt, wird jeder Zugriff eines Internet-Nutzers auf einen WWW-Server automatisch in einer Statistik protokolliert, dem sogenannten *Logfile*. Unter einem Zugriff wird hier die Übertragung einer angeforderten Datei vom Server des Anbieters zum Rechner des Empfängers verstanden. Wird beispielsweise ein HTML-Dokument mit drei eingebundenen Graphiken übertragen, werden insgesamt vier Zugriffe vermerkt.[196] Mit Hilfe des Logfiles können also in erster Linie Angaben gemacht werden, an welche Adresse die angeforderten Informationen geschickt und welche Dateien abgerufen wurden.[197] Qualifizierte Software ist darüber hinaus in der Lage, Angaben über die Dauer des Besuchs, die genauen Einstiegs- und Ausstiegspunkte oder die Verweildauer pro Web-Seite zu liefern.[198] Auf diesem Wege

---

194 Ein Proxy-Server ist ein Netzwerkrechner, der häufig abgerufene WWW-Seiten zwischenspeichert und lokal vorhält, um die Netzauslastung gering zu halten. Nutzer erhalten dann die angeforderte Seite vom Proxy-Server.

195 Vgl. Werner, Andreas; Stephan, Ronald: Marketing-Instrument Internet, a. a. O., S. 177.

196 Vgl. Emery, Vince: Internet im Unternehmen: Praxis und Strategien, a. a. O., S. 328.

197 Bei der Adresse handelt es sich in der Regel nicht um die des Nutzers, sondern um die IP-Adresse des Rechners, über den der Nutzer Zugang zum Internet erhalten hat. Vgl. Werner, Andreas; Stephan, Ronald: Marketing-Instrument Internet, a. a. O., S. 177 f.

198 Die hier genannten Software-Eigenschaften beziehen sich auch Auswertungssoftware der Firma I/Pro. Vgl. Emery, Vince: Internet im Unternehmen: Praxis und Strategien, a. a. O., S. 329.

läßt sich erkennen, wofür sich die Nutzer durchschnittlich interessiert haben und entsprechende Nutzerprofile erstellen. Eingeschränkt wird diese Möglichkeit jedoch durch die Tatsache, daß im Logfile nur IP-Adressen erfaßt werden. Aufgrund der vielfach praktizierten dynamischen Vergabe von IP-Adressen können die Nutzer damit nicht eindeutig identifiziert werden.[199]

Äquivalent zum Verfahren mit Hilfe des Counter Digit besteht auch bei der Logfile-Analyse die Problematik mit Proxy-Servern, die nur über dynamische Inhalte gelöst werden kann.

Aus der Problematik der dynamischen IP-Adressen heraus sind zur *Nutzeridentifikation* sogenannte *Magic Cookies* entwickelt worden. Dabei handelt es sich um eine Identifikationsnummer, die dem Besucher einer Web-Site zugeordnet wird und es ermöglicht, diesen bei einem erneuten Besuch der Web-Site eindeutig zu identifizieren. Dieses Verfahren erlaubt damit das Erstellen individueller Nutzungsprofile. Aus Datenschutzgründen ist jedoch bedenklich, daß in Verbindung mit der Erhebung persönlicher Daten eine personenbezogene Aufzeichnung der Nutzungsgewohnheiten ermöglicht wird. Im Zuge neuerer Browserversionen, bei denen der Anwender die Wahl hat, ob Cookies akzeptiert werden sollen, ist deshalb auch mit einer zunehmend geringeren Akzeptanz zu rechnen.[200]

Im Rahmen der indirekten Datenerhebung soll abschließend noch *die Konkurrenzbeobachtung* erwähnt werden. Konkurrenzbeobachtung im

---

[199] Nur ständig ans Internet angeschlossene Rechner verfügen über eine feste oder statische IP-Adresse. Bei der dynamischen Vergabe von IP-Adressen werden Nutzern, die sich zum Beispiel über ein Modem oder ISDN bei ihrem Provider einwählen, eine IP-Adresse für die Dauer der Verbindung zugeordnet. Vgl. Werner, Andreas; Stephan, Ronald: Marketing-Instrument Internet, a. a. O., S. 177 f.

[200] Vgl. Werner, Andreas; Stephan, Ronald: Marketing-Instrument Internet, a. a. O., S. 182 f.

World Wide Web ist einfach zu bewerkstelligen und sollte zur ständigen Aufgabe eines Unternehmens werden. Zum einen lassen sich Fehler der Konkurrenz beobachten und beim eigenen Auftritt vermeiden, zum anderen kann man den eigenen Online-Auftritt von den Konkurrenten abgrenzen. Zu bedenken ist natürlich, daß auch die Konkurrenz über diese Möglichkeiten verfügt.[201]

Die sekundäre Marktforschung beschäftigt sich mit dem Sammeln und Auswerten bereits erhobener Daten. Hierfür bietet das Internet eine Fülle an kostenlosen und kommerziellen Datenbanken. Auf die Quellen im einzelnen einzugehen, würde jeden Rahmen sprengen. Deshalb soll an dieser Stelle nur die *Suchdienste* und *Metaindices* genannt werden.[202]

Alle Ergebnisse der Marktforschung sollten im Rahmen eines Marketing-Informationssystem in einer Datenbank verwaltet und ausgewertet werden. Hierfür bietet sich die Marktforschung per Internet an, da die gewonnenen Daten in der Regel elektronisch vorliegen und damit einfach und schnell auswertbar sind. Die Ergebnisse der Marktforschung können mit bestehenden Kundendaten verglichen und in Beziehung gebracht werden. Die so gewonnenen Daten vereinfachen das bedarfsgerechte Anbieten von Leistungen und Service gegenüber dem individuellen Kunden, was langfristig zu einer höheren Kundenbindung führen kann.[203]

---

201 Vgl. Werner, Andreas; Stephan, Ronald: Marketing-Instrument Internet, a. a. O., S. 172 f.

202 Suchdienste bieten Anwendern die Möglichkeit, das WWW nach beliebigen Begriffen durchsuchen zu lassen. Metaindices sind Verzeichnisse, die ähnlich einem Schlagwortregister Web-Sites themenspezifisch gruppieren und als Links auf einer Seite anbieten.

203 Vgl. Oenicke, Jens: Online-Marketing: kommerzielle Kommunikation im interaktiven Zeitalter, a. a. O., S. 100.

Tabelle 9 stellt die Möglichkeiten der Marktforschung im Internet zusammenfassend dar:

Primärforschung		Sekundärforschung
direkt	indirekt	
E-Mail-Fragebogen	Digit Counter	kommerzielle und kostenlose Datenbanken
WWW- Fragebogen	Logfile-Analyse	Suchdienste
Registrierkarten	Nutzeridentifikation	Metaindices
Online-Panels	Konkurrenzbeobachtung	

Tab. 9: Möglichkeiten der Marktforschung im Internet

3.3.5 Auswirkungen der Online-Kommunikation auf das marketingpolitische Instrumentarium

Im folgenden wird ein Überblick über den Einfluß der Online-Kommunikation auf die einzelnen Marketinginstrumente gegeben. Der Schwerpunkt liegt dabei auf einer allgemeinen Betrachtung für Dienstleistungen. Viele der aufgeführten Argumente gelten jedoch analog für Produkte der Konsum- und Investitionsgüterindustrie, auf eine explizite Unterscheidung soll aber verzichtet werden. Die konkrete Adaption für ein Versicherungsunternehmen und den Vermittler wird in den Kapiteln 4.3.2 und 4.4.2 dargestellt.

Je nach Art und Beschaffenheit der angebotenen Dienstleistungen hat Online-Marketing einen unterschiedlichen Einfluß auf das marketingpolitische Instrumentarium. Letztendlich lassen sich aber alle Auswirkungen auf die in Kapitel 3.3.2 beschriebenen Merkmale der Online-Kommunikation zurückführen.

1. Leistungspolitik

Im Rahmen der Leistungspolitik ist zu prüfen, ob die angebotenen Produkte und Dienstleistungen *digitalisierbar* sind, d. h. ob sie online erstellt und geliefert werden können.[204] Dazu gehören alle Dienstleistungen, die nicht an die physische Anwesenheit des externen Faktors gebunden sind oder die nicht im Zusammenhang mit einer Sachleistung stehen. Beispiele hierfür sind Informationsdienste, Beratungs- oder Bank- und Finanzdienstleistungen. Im Gegensatz zu digitalisierbaren Dienstleistungen erlauben nicht-digitalisierbare Dienstleistungen einen wesentlich geringeren Spielraum beim Einsatz der externen Marketinginstrumente.

Grundsätzlich kann der Online-Markt neue, innovative Dienstleistungen (*Innovation*) hervorbringen, bestehende Dienstleistungen verändern oder anpassen (*Variation*) oder zukünftig einige auch vom Markt verdrängen (*Eliminierung*).[205] Aufgrund des Online-Mediums entstehen *innovative Dienstleistungen* wie zum Beispiel die Informationsdienste im WWW (z. B. Yahoo), die sich durch Werbung auf ihren Seiten finanzieren. *Bereits existierende Dienstleistungen* können an den Online-Markt angepaßt werden, z. B. Kontoführung im Rahmen des Homebanking im WWW. Eine *Eliminierung von Dienstleistungen* durch den Online-Markt ist anzuzweifeln, da auch in der weiteren Zukunft viele Personen nicht über einen Zugang zum Online-Markt verfügen werden.

Im Rahmen der *Entwicklung neuer Dienstleistungen* können Konsumenten einbezogen werden, sei es durch Anregungen per E-Mail, aus moderierten Gruppendiskussionen oder durch Fragebogenaktionen,

---

204 Vgl. Lampe, Frank: Business im Internet: Erfolgreiche Online-Geschäftskonzepte, a. a. O., S. 132 f.
205 Vgl. Lampe, Frank: Business im Internet: Erfolgreiche Online-Geschäftskonzepte, a. a. O., S. 134.

welche die Eigenschaften neuer Dienstleistungen abfragen sollen. Außerdem können durch permanentes Monitoring des Online-Marktes Ansatzpunkte für neue Dienstleistungen entwickelt werden.[206]

Die Gestaltung des *primären Dienstleistungsangebotes* bleibt in der Regel unverändert, aufgrund der Kommunikationseigenschaften ergeben sich aber im Bereich des *sekundären Dienstleistungsangebots* neue Möglichkeiten der *Servicepolitik*. Kunden können online über den Stand des Dienstleistungsprozesses informiert werden.[207] Vor allem die Geschwindigkeit, mit der Serviceleistungen durch die Online-Kommunikation erfolgen, bedeutet einen Zusatznutzen für den Kunden. Häufig an den Kundendienst gestellte Fragen können im Rahmen einer FAQ-Liste (Frequently Asked Questions) im WWW den persönlichen Kundendienst entlasten. Des weiteren fördern Diskussionsforen den Erfahrungsaustausch zwischen Kunden.

Insbesondere im *After-Sales-Bereich* wird die kognitive Dissonanz, die Unsicherheit nach einer Kaufentscheidung, durch Bereitstellung von zusätzlichen Informationen abgebaut werden, da sich der Kunde aktiv mit Unternehmen und Dienstleistung auseinandersetzen kann. Außerdem ist eine intensive Betreuung per E-Mail denkbar. Gerade im After-Sales-Bereich sollte versucht werden, möglichst viele Informationen über den Kunden, seine Einstellungen und Absichten zu sammeln. Durch Analysen können im Zeitverlauf Tendenzen erkannt werden, die einen bedarfsorientierten Umgang mit dem Kunden ermöglichen.[208]

---

206 Vgl. Roll, Oliver: Marketing im Internet, a. a. O., S. 60.
207 Beispielsweise bietet United Parcel Service UPS seinen Kunden die Möglichkeit, sich im WWW jederzeit über den aktuellen Aufenthaltsort einer Lieferung zu informieren. Vgl. United Parcel Service, online im Internet: http://www.ups.com/tracking/tracking.html.
208 Vgl. Pörtner, Achim: Konzeption eines Online-Marketings, a. a. O., S. 52 f.

Im Online-Medium, in dem die Kommunikation vom Konsumenten ausgeht, kommt der *Marke* eine entscheidende Rolle als Erkennungs- und Suchhilfe zu. Da im Dienstleistungsbereich einzelne Dienstleistungen in der Regel nicht über einen eigenen Markennamen verfügen, erfolgt der Ausbau der Netzbedeutung über die Dachmarke (z. B. Deutsche Bank, Allianz) in Form einer entsprechenden Adressierung der Web-Site.[209] Unterschiedliche Markennamen in den herkömmlichen Märkten sollten dann über einen eigenen Online-Auftritt erreichbar sein.

Schließlich lassen sich Schulungen über das WWW multimedial durchführen und erlauben aufgrund der Interaktivität die Einflußnahme des Anwenders. Auch Prospekte, Dokumentationen lassen sich multimedial über das WWW darstellen.[210]

2. Kontrahierungspolitik

Viele Dienstleistungsbereiche zeichnen sich wegen oftmals schwer zu durchschauender Leistungs- und Preisstrukturen (z. B. bei Beratungsleistungen oder Versicherungstarifen) durch eine geringe Transparenz aus.[211] Da es sich bei Dienstleistungen aufgrund der Integration des externen Faktors oftmals um individuelle Vertragsverhältnisse handelt, hat der Online-Markt hier nur geringen Einfluß auf die *Preisbildung*. Bei standardisierten Dienstleistungen hingegen, bei denen eine wettbewerbsorientierte Preisbildung (z. B. Flugreisen) vorherr-

---

209 Vgl. Hanser, Peter: Aufbruch in den Cyberspace, in: Absatzwirtschaft Heft 8/95, S. 39. Die Adressierung im Fall der Allianz Deutschland lautet zum Beispiel http://www.allianz.de (Stand 12.07.1997).

210 Beispielsweise können mit Hilfe des Adobe Acrobat PDF-Dokumente erstellt werden, die eine völlige Plattformunabhängigkeit zulassen.

211 Vgl. Simon, Hermann: Preismanagement: Analyse, Strategie, Umsetzung, a. a. O., S. 566.

schen kann, schafft die hohe Markttransparenz einen preispolitischen Spielraum, der zur Preisbildung beitragen kann.

Der hohe Anteil der Fixkosten an den Gesamtkosten einer Dienstleistung beruht zum großen Teil auf den Personalkosten.[212] Werden mit Hilfe der Online-Kommunikation Personalkosten reduziert, z. B. durch automatisierte Dienstleistungen wie Online-Überweisungen, können die Kosteneinsparungen im Rahmen der *Konditionenpolitik* in Form von „Online-Rabatten" an den Kunden weitergegeben werden. Weiteres Einsparungspotential ergibt sich durch den Wechsel auf die günstigere Online-Kommunikation sowohl in der externen, als auch in der internen Unternehmenskommunikation.

Es ist zu beachten, daß der Kunde zuzüglich zum Preis der Dienstleistung noch Provider-Kosten und Übertragungsgebühren bezahlen muß. Der endgültige Preis für den Kunden setzt sich zusammen aus dem Preis der Dienstleistung, den anteiligen Provider-Kosten, z. B. bei zeit- oder volumenorientierten Preisen und den Telefongebühren für Auswahl- und Bestellung und evtl. Erbringung der Dienstleistung.

Probleme treten auf, wenn Unternehmen eine *regionale Preisdifferenzierung* verfolgen. Da im Online-Markt traditionelle Länder- und Marktgrenzen hinfällig sind, kann es dazu führen, daß der Kunde sich aufgrund der Preisdifferenzierung, die er im herkömmlichen Markt akzeptiert hätte, im Online-Markt benachteiligt fühlt.[213]

Weitere Probleme ergeben sich, wenn Unternehmen bewußt keine Preise nennen wollen, wie dies beispielsweise bei Versicherungsunternehmen oftmals der Fall ist. Gerade durch individuelle und bedarfsgerechte Dienstleistungen sind die Preise oft höher als bei standardi-

---

212 Meffert, Heribert; Bruhn, Manfred: Dienstleistungsmarketing: Grundlagen - Konzepte - Methoden, a. a. O., S. 400.
213 Vgl. Quelch, John A; Klein, Lisa R.: The Internet and International Marketing, in: Sloan Management Review/Spring 1996, S. 66.

sierten Dienstleistern. Diese Unternehmen werden auch weiterhin das Internet nur eingeschränkt im Rahmen der Preisbildung nutzen. Es bleibt abzuwarten, inwieweit sich diese Unternehmen der zunehmenden Markttransparenz und den Forderungen der Nutzer nach Produkt- und Preisinformationen entgegensetzen können.

Die *Zahlung* im WWW ist aufgrund der angesprochenen Sicherheitsproblematik noch nicht sehr verbreitet. Grundsätzlich stehen einem Unternehmen weiterhin die herkömmlichen Zahlungsmöglichkeiten wie Lastschrifteinzug oder Rechnung zur Verfügung. Dies erfordert aber einen zusätzlichen Aufwand beim Kunden, der dem Charakter des Mediums in Punkten wie Bequemlichkeit und Einfachheit widerspricht. Hier ist mit zunehmendem Angebot an einfach zu handhabenden und sicheren Lösungsansätzen mit großem Potential zu rechnen.[214]

3. Distributionspolitik

Mit zunehmender Verbreitung und Popularisierung des Online-Marktes wird der Verkauf von Produkten und Dienstleistungen über die Datennetze als digitale Zukunft der Distribution betrachtet. Wichtig ist vor allem, daß der Einkauf über das WWW zu einer Kaufvereinfachung führt, zumal der Kunde Kosten tragen muß, um das Angebot des Unternehmens überhaupt wahrzunehmen.

Das WWW bietet im Rahmen der Distributionspolitik sowohl die Möglichkeit eines neuen Absatzwegs als auch eines neuen Transportmediums. Tatsächlich sind die Möglichkeiten der Online-Distribution schon seit Anfang der 80er Jahre (im Rahmen des BTX) bekannt, aber erst jetzt werden durch den Einsatz der multimedialen, interaktiven und vor allem einfach zu bedienenden Technologien und der weltwei-

---

214 Vgl. Roll, Oliver: Marketing im Internet, a. a. O., S. 56.

ten Verbreitung der globalen Datennetze neue Möglichkeiten des Online-Vertriebs geschaffen.[215]

Aufgrund der Immaterialität einer Dienstleistung kann es zu keiner physischen Distribution kommen; allenfalls das Ergebnis oder die Dokumentation einer Dienstleistung kann transportiert werden. Bei digitalisierbaren Dienstleistungen kann die Erstellung und der Absatz der Dienstleistung über das Online-Medium erfolgen. Dies ist insbesondere bei Buchungen und Reservierungen sowie Beratungsleistungen der Fall, wenn Bestätigungen oder Ergebnisberichte online transportiert werden. Liegt eine nicht-digitalisierbare Dienstleistung vor, kann das WWW als neues Bestellmedium herangezogen werden.

Der Absatz kann grundsätzlich direkt, zwischen Dienstleistungsunternehmen und Kunde oder indirekt, über Zwischenhändler und Absatzmittler erfolgen. Die Rolle von Zwischenhändlern und Vermittlern wird tendenziell geschwächt, wenn der Kunde direkt mit dem Unternehmen in Verbindung tritt.[216] Andererseits stellt sich auch für Absatzmittler das WWW als neuer Absatzkanal dar. Diese Problematik wird noch insbesondere bei Versicherungsunternehmen mit selbständigem Außendienst oder Maklern von Bedeutung sein.

Der Distributionsprozeß kann in die Transaktionen Informationsabruf, Vereinbarung und Abwicklung unterteilt werden. Online-Distribution läßt sich in verschiedenen Graden realisieren. Bedingt durch die Möglichkeiten der Online-Kommunikation können dabei die Transaktionen mehr oder weniger vollständig elektronisch umgesetzt werden.[217]

---

215 Vgl. Hünerberg, Reinhard; Heise, Gilbert; Mann, Andreas: Was Online-Kommunikation für das Marketing bedeutet, a. a. O., S. 131.
216 Vgl. Quelch, John A; Klein, Lisa R.: The Internet and International Marketing, a. a. O., S. 66.
217 Vgl. Hünerberg, Reinhard; Heise, Gilbert; Mann, Andreas: Was Online-Kommunikation für das Marketing bedeutet, a. a. O., S. 134.

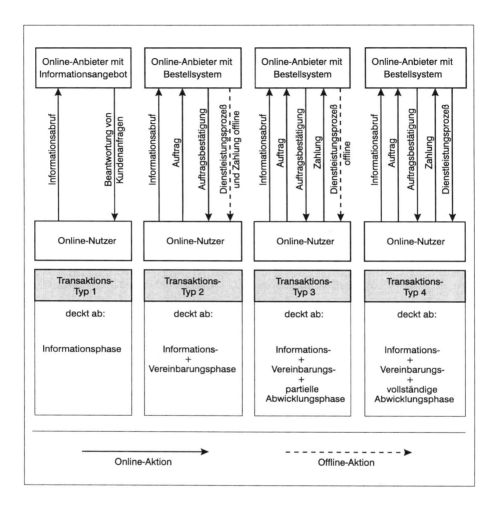

Abb. 18: Transaktionstypen der Online-Distribution

Elektronische Transaktionen müssen dabei die in Kapitel 3.2.7 aufgezeigten Sicherheitsmerkmale Vertraulichkeit, Integrität, Authentizität und Verbindlichkeit erfüllen. Die einzelnen Grade der Distributions-

3 Markt und Marketing im Online-Bereich

transaktionen sind in Abbildung 18[218] dargestellt und werden nachfolgend erläutert.

Die einfachste Form der Distribution ist Typ 1, der Online-Auftritt mit einem Informationsangebot (*Information-Site*). Das Dienstleistungsunternehmen informiert über seine Leistungen und gibt Möglichkeiten an, wie die Dienstleistung konventionell im Offline-Bereich bestellt und erbracht werden kann.

Typ 2 verbindet die Informationsphase mit der Möglichkeit der Online-Bestellung. Dabei werden die Bestellungen in einem WWW-Formular oder via E-Mail an das Dienstleistungsunternehmen gesendet. Der Kunde erhält auf dem gleichen Weg eine Bestätigung über den eingegangenen Auftrag. Die Formulareingabe hat den Vorteil der automatischen Weiterbearbeitung in einem Auftragssystem. Der Dienstleistungsprozeß wie auch die Zahlungsabwicklung erfolgt offline. Ein weiterer, je nach Art der Dienstleistung zur Zeit noch schwer realisierbarer Grad der Transaktion kann durch Integration der Abwicklungsphase erreicht werden. Hierbei kann der Zahlungsvorgang (Typ 3) und der Dienstleistungsprozeß (Typ 4) online umgesetzt werden, wobei Typ 4 nur auf digitalisierbare Dienstleistungen zutrifft.

Als Vorteile der Online-Distribution für den Kunden sind vor allem die Unabhängigkeit von Geschäftszeiten und geographischem Ort des Anbieters sowie die Angebotsvielfalt aufgrund des globalen Marktes zu nennen. Weitere Vorteile liegen in der hohen Aktualität des Leistungsangebotes und der hohen Markttransparenz.[219] Auf Seiten des Anbieters ergibt sich ein neuer Absatzkanal und je nach Grad der Transaktionsumsetzung ein erhebliches Kosteneinsparungspotential

---

218 Darstellung modifiziert für Dienstleistungsunternehmen nach Hünerberg, Reinhard; Heise, Gilbert; Mann, Andreas: Was Online-Kommunikation für das Marketing bedeutet, a. a. O., S. 135.
219 Vgl. Roll, Oliver: Marketing im Internet, a. a. O., S. 50 f.

durch Automatisierung der einzelnen Transaktionsformen. Auch das Unternehmen ist nicht an gesetzliche Geschäftszeiten gebunden und kann im Idealfall weltweit 24 Stunden am Tag seine Leistungen anbieten. Durch die Multimedialität können auch komplexe Dienstleistungen veranschaulicht werden, die Interaktivität läßt eine individuelle Darstellung zu.[220]

Nachteile für den Anbieter ergeben sich aus der zur Zeit noch eingeschränkten Zielgruppe im WWW; beispielsweise sind aufgrund demographischer Daten Dienstleistungen für Senioren für den Online-Markt noch ungeeignet. Auch der geringe Anteil des weiblichen Geschlechts wirkt noch einschränkend auf die Art der angebotenen Dienstleistungen. Ein weiterer Nachteil ist das Fehlen eines direkten, persönlichen Feedbacks über die Dienstleistung. Zwar bestehen Möglichkeiten, den Kunden per E-Mail oder WWW(-Formular) zu einem Kommentar zu bewegen, die Vielzahl von solchen Rückantworten ist aber anzuzweifeln und dem Resultat aus einem persönlichem Gespräch unterlegen. Es entsteht die Gefahr einer Entfremdung vom Kunden.[221]

4. Kommunikationspolitik

Aufgrund der spezifischen Eigenschaften des Online-Mediums wird der Kommunikationspolitik im Online-Marketing besondere Bedeutung beigemessen. Die Interaktivität erlaubt erstmals für alle Formen der Kommunikationspolitik eine sofortige Reaktionsmöglichkeit über dasselbe Medium. Die Multimedialität ermöglicht die Gestaltung von Botschaften mit hohem Informationsgrad durch Text-, Bild, Audio oder Videoelementen; komplexe Zusammenhänge lassen sich z. B. auch in Verbindung mit Datenbanken einfach darstellen. Während beim herkömmlichen Fernsehen der Empfänger anwesend sein muß

---

220 Vgl. Hünerberg, Reinhard; Heise, Gilbert; Mann, Andreas: Was Online-Kommunikation für das Marketing bedeutet, a. a. O., S. 134.
221 Vgl. Roll, Oliver: Marketing im Internet, a. a. O., S. 55.

(Ausnahme Videoaufnahme), um eine Botschaft zu empfangen, ist es bei der Online-Kommunikation infolge der zeitlichen Unabhängigkeit unerheblich, wann der Empfänger die Informationen abruft (Ausnahme Internet Relay Chat).

Nachfolgend sollen die Auswirkungen der Online-Kommunikation auf die Instrumente der Massen- (Werbung und Öffentlichkeitsarbeit), der anlaßbezogenen (Verkaufsförderung und Sponsoring) und der Individualkommunikation (persönliche Kommunikation) vorgestellt werden, die über die genannten grundsätzlichen Auswirkungen hinaus gehen.

- **Werbung**
  Während herkömmliche Werbung durch permanente Wiederholung versucht, bekannte Tatsachen beim Empfänger zu verankern und damit zum großen Teil eine Verweigerungshaltung hervorruft,[222] hat das WWW als Werbeplattform die Aufgabe, den Konsumenten mit zusätzlichen, bisher unbekannten Informationen zu versorgen.[223] Gerade aufgrund der Tatsache, daß der Konsument für die aufgebrachte Zeit, die er auf der Web-Site verbringt, die Übertragungskosten zu tragen hat, erwartet er einen Zusatznutzen. Hier zeigt sich auch ein grundlegender Vorteil der Online-Werbung: der Besucher beschäftigt sich intensiver mit der aufgerufenen Web-Site.

Im Gegensatz zu den klassischen Printmedien oder Rundfunk, bei denen Werbung den Konsumenten zufällig erreicht, muß der Konsument bei der Online-Werbung erst dazu gebracht werden, die Web-Site des Unternehmens aufzusuchen. Eines der wichtigsten Probleme beim Online-Marketing ist deshalb, die Konsumenten auf die Web-Site aufmerksam zu machen und zum Besuch zu motivie-

---

222 Vgl. Roll, Oliver: Marketing im Internet, a. a. O., S. 45.
223 Vgl. Roll, Oliver: Marketing im Internet, a. a. O., S. 73.

ren. Ein zu geringes Besucheraufkommen kann dabei genauso unerwünscht sein wie ein zu großes, da hier infolge fehlender Bandbreiten die Besucher durch zu lange Wartezeiten von einem erneuten Besuch abgeschreckt werden.

Die Schaffung der Konsumenten-Aufmerksamkeit und das Generieren eines gerichteten Besucheraufkommens ist Aufgabe der *Site-Promotion*.[224] Die Site-Promotion hat zwei Aufgaben zu erfüllen. Zum einen sind Personen zu unterstützen, die zielgerichtet nach Informationen im fachlichen Umfeld des Unternehmens oder das Unternehmen direkt selbst suchen. Zum anderen sollen aber auch zufällige Kontakte mit der Web-Site herbeigeführt werden, um potentielle Konsumenten auf die Web-Site zu führen.

Die einfachste Form der Site-Promotion ist die *Wahl des Domain-Name*[225], unter der die Web-Site angewählt werden kann. Unternehmen mit Markennamen haben hier Vorteile, da die Marke als Navigator und Suchhilfe funktioniert. Das Unternehmen muß jedoch darauf achten, ob der Domain-Name nicht schon registriert ist. Ein weiterer notwendiger Schritt ist die Eintragung in *Suchmaschinen*, mit denen Online-Nutzer weite Teile des WWW nach Stichpunkten durchsuchen können. Auch die Aufnahme in fachspezifische *Metaindices* erleichtert Suchenden das Auffinden der Web-Site. Möglichkeiten, *zufällige Kontakte* herbeizuführen, ergeben sich durch das Plazieren von Werbeflächen (*Banner, Werbe-Icons*) auf hochfrequentierten WWW-Seiten (z. B. Suchmaschinen) und dem Veröffentlichen von Nachrichten in Newsgroups, wobei auch hier die Netiquette unbedingt zu beachten ist.

---

224 Vgl. Werner, Andreas; Stephan, Ronald: Marketing-Instrument Internet, a. a. O., S. 195.

225 Internet-Adressen können sowohl in numerischer Form als IP-Adresse (z. B. 134.93.8.176) als auch in Textform als Domain-Name (z. B. goofy.zdv.uni-mainz.de) auftreten.

- **Public Relations / Öffentlichkeitsarbeit**
  Die Auswirkungen der Online-Kommunikation auf die Öffentlichkeitsarbeit eines Unternehmens ergibt sich schwerpunktmäßig aus der Geschwindigkeit und Einfachheit, mit der Informationen an interessierte Gruppen wie Journalisten oder Kunden verteilt werden können. Die Multimedialität ermöglicht es, Bild-, Text und Videomaterial, wie Presseberichte, den Geschäftsbericht oder ein Firmenportrait in Archiven für interessierte Nutzer vorzuhalten. Journalisten können darüber per E-Mail-Verteiler mit den neuesten Informationen versorgt werden; auch direkte Rückfragen sind möglich.[226]

Infolge der sofortigen, weltweiten Verfügbarkeit von veröffentlichten Informationen eignet sich das WWW auch hervorragend zum Krisenmanagement.[227] Nicht nur Journalisten, auch sonstige Online-Nutzer können im Fall einer Krise sofort Informationen abrufen. Reiseveranstalter oder Flugzeughersteller bieten beispielsweise nach einem Ausfall einer Maschine sofort und ohne große Zeitverzögerungen Informationen und Stellungnahmen im WWW an. Insbesondere die Allianz Lebensversicherung hat nach einem mangelhaften Urteil in der Zeitschrift Finanztest im November 1996 erhebliche Anstrengungen unternommen, das Vertrauen in die private Altersvorsorge mittels Lebensversicherungen aufrecht zu erhalten. Hier hätte das WWW eine günstige und schnell umzusetzende Alternative bieten können.

Eine weitere, sehr elegante Art der Öffentlichkeitsarbeit ist die Beantwortung von Fragen in fachspezifischen Newsgroups, was zu einem Imagegewinn des Unternehmens führen kann. Hier muß aber

---

226 Vgl. Lampe, Frank: Business im Internet: Erfolgreiche Online-Geschäftskonzepte, a. a. O., S. 156.
227 Vgl. Roll, Oliver: Marketing im Internet, a. a. O., S. 83.

unbedingt auf die Netiquette geachtet werden, die kommerzielle Werbung in den meisten Newsgroups verbietet.

Hinsichtlich des Sponsoring als Teil der Öffentlichkeitsarbeit können andere Web-Sites finanziell und redaktionell unterstützt und mit Werbeflächen oder Links zur eigenen Web-Site versehen werden.

- **Verkaufsförderung**
Auch wenn durch die Online-Kommunikation die Rolle des Absatzmittlers oder des Handels tendenziell geschwächt wird, werden viele Unternehmen weiterhin nicht auf den indirekten Absatz verzichten. Grundsätzlich ist eine eigene Online-Präsenz der Absatzmittler denkbar und sinnvoll; es kann aber auch im Interesse des Unternehmens liegen, auf seiner Web-Site Verkaufsförderung zu betreiben.

Eine Online-Präsenz unterstützt in erster Linie die *marktbezogene Verkaufsförderung*, obwohl auch Einsatzmöglichkeiten in Bezug auf die *verkäuferbezogene Verkaufsförderung* denkbar sind. Marktbezogene Verkaufsförderung hat zum einen die Aufgabe, den Publikumsverkehr auf einer Web-Site zu erhöhen und daraus resultierend den Konsumenten mit Informationen über das Dienstleistungsangebot in Berührung zu bringen. Dies kann durch Online-Gewinnspiele oder digitalisierte Werbegeschenke (z. B. Bildschirmschoner), aber auch durch Coupons und Gutscheine erfolgen, die dann je nach Art des Gutscheins (z. B. Angebot einer Berechnung) und Möglichkeit der Web-Site online oder offline eingelöst werden können.[228]

---

228 Vgl. Lampe, Frank: Business im Internet: Erfolgreiche Online-Geschäftskonzepte, a. a. O., S. 157 f.

Im Hinblick auf die verkäuferbezogene Verkaufsförderung können aufgrund der multimedialen Eigenschaften des Mediums Online-Schulungen abgehalten, aber auch Ergebnisse von Verkaufswettbewerben präsentiert werden. Dies erfordert jedoch einen paßwortgeschützten Bereich. Des weiteren können Fragebögen auf einer Seite dargestellt werden, die der Gesprächsvorbereitung mit den Absatzmittlern dienen.

- **Persönliche Kommunikation**
  Die persönliche Kommunikation ist durch eine individuelle Kundenansprache gekennzeichnet und erfolgt durch persönliche Anwesenheit oder mit Hilfe eines Kommunikationsmediums. Online-Kommunikation bietet vor allem die Möglichkeit der E-Mail. Andere Formen, wie Internet Relay Chat (IRC) und Telefonieren über das Internet sind nur eingeschränkt möglich. Zum einen bedeuten Kundengespräche im IRC neben der zu erwartenden geringen Akzeptanz einen hohen Aufwand, zum anderen erscheint Telefonieren über das Internet aufgrund der geringen Markdurchdringung der notwendigen Hard- und Software nur als Option für die Zukunft.[229]

5. Internes Marketing

Bei Dienstleistungsunternehmen spielt zur Aufrechterhaltung der Leistungsfähigkeit das Personal eine bedeutende Rolle. Die Instrumente des internen Marketing, Personalpolitik und interne Kommunikationspolitik haben dabei die Aufgabe, im Sinne einer Kundenorientierung Einfluß auf Motivation, Einstellung und Verhalten der Mitarbeiter auszuüben.[230] Mit Hilfe der Online-Kommunikation können dabei anfallende Kommunikationsprozesse unterstützt werden.

---

229 Vgl. Lampe, Frank: Business im Internet: Erfolgreiche Online-Geschäftskonzepte, a. a. O., S. 157.
230 Vgl. Kapitel 2.4.3.

Gerade im Bereich der Personalbeschaffung spielt das WWW eine große Rolle. Die Online-Kommunikation kann sowohl die Effektivität der Personalsuche erhöhen als auch die Kosten senken. Die Effektivität läßt sich im Vergleich zu Stellenangeboten in Tageszeitungen erhöhen, wenn im WWW Informationen weitgestreut und multimedial angeboten werden. Auch die Schaltung der Anzeige ist im WWW (noch) günstiger. Im Gegensatz zu Zeitungsanzeigen kann der potentielle Bewerber aufgrund der Interaktivität über dasselbe Medium mit dem Unternehmen in Kontakt treten. Die Zielgruppenzusammensetzung der Online-Nutzer verspricht zudem einen hohen Anteil an Hochschulabgängern oder Personen mit Berufserfahrung.

Auch in der Personalentwicklung ist ein Einsatz der Online-Kommunikation denkbar. Beispielsweise wird im Rahmen der Aus- und Weiterbildung die Multimedialität der Online-Kommunikation für Formen des *Computer Based Trainings CBT* nutzbringend sein. Die Vor- und Nachteile solchen Lernens gegenüber klassischem Unterricht sind zunächst die gleichen wie bei einem Fernstudium (z. B. Zeitersparnis, flexible Zeiteinteilung, aber auch geringer Kontakt zu Mitschülern und Lehrenden). Manche Nachteile werden jedoch verringert, z. B. durch Nutzung von E-Mail und Online-Diskussionsgruppen für die Kommunikation mit Dritten.[231] Hinsichtlich der internen Massen- und Individualkommunikation können Möglichkeiten der Online-Kommunikation eingesetzt werden, wie unternehmensinterne E-Mail oder das Einrichten einer Newsgroup.

Insbesondere kleinere Unternehmen haben mit Hilfe der Internet-Technologie die Chance, ein günstiges und einfach zu erweiterndes internes Kommunikationssystem aufzubauen. Größere Unternehmen,

---

231 Vgl. Alpar, Paul: Kommerzielle Nutzung des Internet: Unterstützung von Marketing, Produktion, Logistik und Querschnittsfunktionen durch das Internet und kommerzielle Online-Dienste, unter Mitarb. von Pfeiffer, Thomas; Quest, Michael; Hoffmann, Arndt, Berlin et al.: Springer-Verlag 1996, S. 240.

die in der Regel bereits über eine Informations- und Kommunikationsinfrastruktur (IuK-Infrastruktur) verfügen, stehen vor der Entscheidung, diese beizubehalten oder mittel- bis langfristig in eine Intranet-Lösung[232] zu migrieren. Gerade im Banken- und Versicherungsbereich existieren bereits unternehmensweite IuK-Infrastrukturen, die aufgrund der Komplexität, des Umfangs und des oftmals proprietären Charakters nur schwer zu migrieren sein werden.

3.3.6 Bedeutung der Online-Kommunikation für das interaktive Marketing

Interaktives Marketing (vgl. Kapitel 2.4.4) umfaßt die Betrachtung aller Instrumente des externen und internen Marketing, bei denen es zu einem direkten Austausch zwischen einzelnem Mitarbeiter und Kunde kommt, wobei als Kunde auch Mitarbeiter (interne Kunden) gezählt werden. Neben der Möglichkeit, herkömmliche Kommunikationsprozesse auch über das Online-Medium zu führen, sind aufgrund der in Kapitel 3.3.2 hergeleiteten Interaktivität vor allem bei der Massenkommunikation neue Formen des interaktiven Marketing denkbar.

Charakteristisch für die Online-Kommunikation ist ihre Multifunktionalität und Interaktivität. Je nach Situation, Interesse, Zielsetzung und technischen Gegebenheiten sind unterschiedliche Kommunikationsvorgänge innerhalb desselben Mediums möglich. Neben der (noch) weitgehend textorientierten Individualkommunikation, die eine hohe Interaktivität zwischen Sender und Empfänger erlaubt, erlangt die *individualorientierte Massenkommunikation* zunehmende Bedeutung. Ausgangspunkt ist hierbei die möglichst breite Ansprache einer Vielzahl von potentiellen Empfängern, die zu einer Reaktion des Einzel-

---

[232] Ein Intranet bezeichnet ein auf Internet-Technologie basierendes Unternehmensnetzwerk. Vgl. Kapitel 4.3.2 Punkt 5.

nen über dasselbe Medium führen soll. Wichtig ist, daß es sich bei dieser Art von Interaktivität in erster Linie nicht um eine Interaktivität des Empfängers mit dem Mitarbeiter handelt, der die Massenkommunikation veranlaßt hat, sondern um eine Interaktivität mit dem Medium. Die Rückkopplung zum Sender erfolgt also indirekt und ist auf „vorgefertigte" Reaktionen festgelegt. Das Ausmaß der Interaktivität definiert sich folglich durch den Umfang dieser vorgefertigten Reaktionsmöglichkeiten.[233]

Vornehmliches Problem ist die eindeutige Identifizierung des Online-Nutzers. Gelingt es, einen auf die Massenkommunikation reagierenden Online-Nutzer eindeutig zu identifizieren, ergeben sich neue Möglichkeiten für ein Beziehungsmarketing. Wie in Kapitel 3.3.4 erläutert, eignen sich zur Identifizierung von Nutzern vor allem Registrierungskarten, die einem Online-Nutzer Zugang zu speziellen Bereichen der Web-Site eines Unternehmens gewähren. Bei jedem Besuch des Nutzers können Daten zum Erstellen eines Nutzungsprofils gewonnen und mit eventuell vorhanden Daten aus einer Kundendatenbank in Zusammenhang gebracht werden, die es erlauben, den Nutzer bei seinem nächsten Besuch bedarfsgerecht und auf sein Nutzungsverhalten zugeschnitten, mit Informationen zu versorgen. Im Rahmen der eindeutigen Identifizierung ist auch die Möglichkeit der Eingabe eines Nutzerprofils durch den Kunden gegeben. Der Kunde kann selbst bestimmen, bspw. durch Ausfüllen eines WWW-Fragebogens, wie und in welchem Umfang er mit Informationen versorgt werden will.

Auch in der Individualkommunikation ergeben sich Vorteile. Viele Menschen scheuen zum Beispiel den direkten Kontakt zum Sachbearbeiter oder den Aufwand beim Verfassen eines Briefes, wenn sie nur kurze Informationen erfahren wollen. Durch den unkomplizierten Ge-

---

233 Vgl. Hünerberg, Reinhard; Heise, Gilbert; Mann, Andreas: Was Online-Kommunikation für das Marketing bedeutet, a. a. O., S. 109.

brauch von E-Mail wird der Kunde nicht vor die Situation gestellt, direkt mit geschulten Mitarbeitern in Kontakt treten zu müssen.

Des weiteren eignet sich E-Mail als Medium für die Aufgaben des Direktmarketing. E-Mail erlaubt eine direkte und persönliche Ansprache des Kunden, ist kostengünstig zu verschicken und bietet eine gute Reaktionsmöglichkeit für den Kunden.[234] Beim Direktmarketing via E-Mail sind jedoch Anforderungen aufzuführen, die zum einen durch die schon vielfach zitierte Netiquette auftreten, zum anderen sich durch die Tatsache ergeben, daß der Empfänger für den Empfang von E-Mails Kosten zu tragen hat. Massenmailings aufgrund von E-Mail-Adreßlisten werden von den Nutzern nicht akzeptiert und können Gegenreaktionen hervorrufen wie die schon erwähnten Flames. Hinsichtlich der Existenz von privat geführten schwarzen Listen im Internet kann mit einer langfristigen Schädigung des Images gerechnet werden.[235]

3.3.7 Technische Barrieren

Die Vorteile des Internet als Kommunikationsmedium und zukünftige Marketingplattform stehen außer Frage. Es gibt jedoch zahlreiche Barrieren, die das Erreichen der kritischen Masse, ab der das Online-Medium eine wesentliche wirtschaftliche Bedeutung erlangt, verzögern. Zur Zeit wird davon ausgegangen, daß in Analogie zur Verbreitung des Faxgerätes die kritische Masse bei 30 % der potentiellen Nutzer liegt; erst ab dieser Grenze ist mit einer raschen Marktdurchdringung

---

234 Vgl. Roll, Oliver: Marketing im Internet, a. a. O., S. 83.
235 Ein Beispiele ist im WWW unter http://math-www.uni-paderborn.de/~axel/BL/ zu finden. Auch die Newsgroup news:alt.current-events.net-abuse liefert Hinweise auf Fehlverhalten im Netz (je Stand 13.03.1997).

bis zur Sättigungsgrenze zu rechnen.[236] Zur Zeit bestehen auf Deutschland bezogen folgende Barrieren und Tendenzen:[237]

- Hohe Telekomtarife: Hier ist aber mit dem Fall des Telefon- und Leitungsmonopols mit sinkenden Preisen zu rechnen.
- Geringe Übertragungsgeschwindigkeit und Bandbreite: Mit der Entwicklung verbesserter Komprimierungsverfahren und dem Ausbau der Datenkapazität wird die Übertragungsgeschwindigkeit immer weniger zum Engpaß.
- Rechtsunsicherheit: Wie in Kapitel 3.2.6 gezeigt, herrscht große Rechtsunsicherheit im Internet. Mit zunehmender Bedeutung des Internet wird die nationale und internationale Rechtsprechung nachziehen und für entsprechende Rechtssicherheit sorgen.
- Mangelnde Sicherheit: Auf Unternehmensseite zögern Firmen mit der Öffnung ihrer Firmennetze aus Angst vor Viren oder unbefugtem Zugriff. Auf Konsumentenseite wird die Übertragung von Kreditkartennummern immer noch als zu unsicher angesehen. Hier liegt die Tendenz in stetig verbesserten Sicherheitsverfahren, aber nur langsamem Abbau der Unsicherheit.
- Die verwendete Software- und Hardwareausstattung auf Seiten der Empfänger ist immer noch ein Engpaß. Bei der Konzipierung von Inhalten sollte daher die durchschnittliche Ausstattung berücksichtigt werden und gegebenenfalls eine einfachere Gestaltung vorgezogen werden.

---

236 Vgl. Kubicek, Herbert; Reimers, Kai: Hauptdeterminanten der Nachfrage nach Datenkommunikationsdiensten: Abstimmungsprozesse vs. kritische Massen, online im Internet: http://infosoc.informatik.uni-bremen.de/OnlineInfos/KommDienst/KommDienst.html (Stand 31.03.1997). Vgl. auch Booz Allen & Hamilton: Zukunft Multimedia: Grundlagen, Märkte und Perspektiven in Deutschland, a. a. O., S. 46 ff.
237 Vgl. Hansen, Hans Robert: Klare Sicht am Info-Highway: Geschäfte via Internet & Co., a. a. O., S. 61 f.

- Großer Wartungsaufwand des Informationsangebotes: Der Anytime-and-anywhere-Anspruch der Internet-Nutzer zwingt Unternehmen zur ständigen Aktualität und Überarbeitung des Online-Auftritts. Trotz verbesserter Softwarewerkzeuge wird der Aufwand mit Ausbau des Online-Auftritts zunehmen.

3.3.8 Zusammenfassung

In Kapitel 3 ist in einem ersten Schritt der *multimediale Online-Markt* in seinen Bestandteilen abgegrenzt und das *World Wide Web als Marketingplattform* für das Online-Marketing eines Unternehmens herausgestellt worden. Im Zuge dessen wurden die ökonomischen Kenngrößen des Online-Marktes beschrieben, die neben *den hohen Wachstumsraten* des Marktes vor allem die Online-Nutzer als *interessante Zielgruppe* aufzeigen. Weiterhin sind die zur Zeit noch existierenden *rechtlichen Unsicherheiten* und *Sicherheitsprobleme* beschrieben worden, die zu den Hauptbarrieren einer kommerziellen Nutzung des Online-Marktes zählen.

In einem zweiten Schritt wurden die Grundlagen des Online-Marketing, insbesondere in Bezug auf ein Dienstleistungsunternehmen, erläutert. Dabei wurden die *Grundzüge der Online-Kommunikation* diskutiert und die für Online-Marketing entscheidenden Merkmale *Interaktivität, Multimedialität* sowie der *multifunktionale Charakter* der Online-Kommunikation verdeutlicht.

In Bezug auf die Marktforschung erlaubt die Online-Kommunikation *neue Möglichkeiten der direkten und indirekten Datenerhebung*. Neben der *einfachen und günstigen Durchführung* sind vor allem die *automatische Weiterverarbeitung* in einer Marketingdatenbank und – im Idealfall – das mögliche Erstellen von Nutzungsprofilen als Vorteile aufzuzählen. Als Nachteil muß hingegen die fehlende Repräsentativität genannt werden, da naturgemäß alle Personen ausgeschlossen sind, die nicht über einen Zugang zum Online-Markt verfügen.

Die Auswirkungen der Online-Kommunikation auf das marketingpolitische Instrumentarium zeigen sich vor allem in der *Servicepolitik* als Teil der *Leistungspolitik,* der *Distributions-* und in der *Kommunikationspolitik.* Beim Einsatz der Marketinginstrumente wurde insbesondere auf die Bedeutung der *Netiquette* an zahlreichen Stellen verwiesen.

Im Rahmen der Servicepolitik sind neben dem Informationsangebot über den Stand des Dienstleistungsprozesses vor allem die Möglichkeit des Abbaus der kognitiven Dissonanz im After-Sales-Bereich zu nennen. Hinsichtlich der Distributionspolitik bietet sich das World Wide Web als *neuer Absatzkanal* sowohl für Dienstleistungsunternehmen als auch für Absatzmittler an. Liegen digitalisierbare Dienstleistungen vor, dient das WWW auch als *Transportmedium,* da die Dienstleistung im Medium erbracht werden kann. Je nach Art der Dienstleistung lassen sich im Online-Markt verschiedene *Grade der Transaktion* vom einfachen *Informationsabruf* über die *Vereinbarung* bis hin zur *vollständigen Abwicklung* des Dienstleistungsprozesses realisieren.

Die Auswirkungen auf die Kommunikationspolitik sind vielschichtig. Neben der *kostengünstigen* Möglichkeit, herkömmliche Kommunikationsvorgänge der Massen-, der anlaßbezogenen und der Individualkommunikation auch mittels *Online-Kommunikation* durchführen zu können, ergeben sich aufgrund der *Multimedialität* neue Wege, *komplexe Sachverhalte* anschaulich darzustellen. Dies ist insbesondere bei der Werbung für die schwer darzustellenden Eigenschaften einer Dienstleistung wie Immaterialität und Erklärungsbedürftigkeit von Bedeutung. Des weiteren ergeben sich infolge der Interaktivität neue Varianten der Massenkommunikation. Gelingt eine eindeutige Identifizierung des Online-Nutzers bei einem Besuch der Web-Site, ist in

3 Markt und Marketing im Online-Bereich

Verbindung mit Ergebnissen der Marktforschung und Kundendatenbanken auch ein *Relationship-Marketing* denkbar.

Auch für die Öffentlichkeitsarbeit ergibt sich durch die *Geschwindigkeit* und *Einfachheit*, mit der Informationen an interessierte Gruppen wie Journalisten und Kunden verteilt werden können, ein ideales Arbeitsfeld. Hinsichtlich der Verkaufsförderung, die insbesondere bei Versicherungsunternehmen mit Außendienst eine Rolle spielt, bietet die Online-Präsenz neben Verkaufsunterstützung in Form von Online-Schulungen auch die Chance, Besucheraufkommen durch Gewinnspiele oder Coupons zu generieren.

Im internen Marketing können eine Vielzahl der anfallenden Kommunikationsprozesse auch mittels Online-Kommunikation durchgeführt werden. Die Handlungsoptionen für das interne Marketing sind je nach Art und Beschaffenheit der IuK-Infrastruktur eines Unternehmens unterschiedlich. Ob eine Integration der Internet-Technologie sinnvoll ist, muß im Einzelfall entschieden werden. Im Bereich der Personalbeschaffung kann durch Online-Kommunikation sowohl eine *Effektivitätssteigerung* als auch eine *Kosteneinsparung* festgestellt werden. Die *umfangreiche* und *multimediale* Gestaltung der Online-Stellenanzeigen, die *kostengünstige Durchführung* und die *direkte Antwortmöglichkeit* durch den Bewerber sind die herausragenden Vorteile. Die demographische Zusammensetzung der Online-Nutzer verspricht zudem für das Personalmarketing eine *interessante Zielgruppe*.

Obwohl bei der Betrachtung der Instrumente des externen und internen Marketing immer wieder der interaktive Charakter angedeutet wurde, ist im Anschluß noch einmal die Bedeutung der Online-Kommunikation für das interaktive Marketing, vor allem durch die Möglichkeiten der *individualorientierten Massenkommunikation* und des Direktmarketing, angesprochen worden.

Abgeschlossen wurde das Kapitel mit einer Auflistung der zur Zeit noch existierenden *Barrieren*, wie hohe Telekomgebühren, mangelnde Geschwindigkeit und Bandbreite, Rechts- und Sicherheitsproblematik oder der auf Unternehmen zukommende Aufwand beim Betreiben und Pflegen eines Online-Auftritts. Auch die auf Seiten des Empfängers verwendete Hard- und Software bildet zur Zeit noch einen Engpaß.

Bei allen Möglichkeiten bleibt das Online-Marketing nur eine Ergänzung zum bestehenden Marketing-Mix. Es hat wenig Sinn, die kompletten Marketing-Maßnahmen mit einem Schlag ins WWW zu verlagern, und auf bewährte Konzepte ganz zu verzichten. Das Internet ist jedoch mehr als ein Baustein im traditionellen Marketing-Mix. Als Medium wird es die Art und Weise, wie Geschäfte getätigt werden, langfristig und nachhaltig verändern. Es durchzieht alle Teilbereiche des Marketing und gibt ihnen ein neues Gesicht.

4 Online-Marketing in der Versicherungsbranche – Ein Modell

4.1 Ausgangssituation

Faßt man die Ergebnisse aus den Kapiteln 2 und 3 zusammen, läßt sich die Ausgangssituation für ein Versicherungsunternehmen im Online-Markt wie folgt beschreiben: Die Versicherungsbranche ist durch eine stetige Unzufriedenheit des Kunden und eine daraus resultierende Abnahme der Kundenbindung gekennzeichnet. Im Gegensatz dazu steht die Bedeutung langfristiger Kundenbeziehungen für den Versicherer, da eine Kundenbeziehung erst mit langjähriger Zugehörigkeit zum Kundenbestand und steigender Anzahl an Verträgen rentabel wird.[238]

Um sich von den Konkurrenten abzuheben, versuchen Versicherungsunternehmen mit selbständigem Außendienst über den Service einen Wettbewerbsvorteil zu erreichen. Einen solchen zu erhalten und auszubauen und damit die Kundenbindung zu erhöhen, erfordert auch im Online-Markt, einen Differenzierungsansatz über die Servicepolitik zu verfolgen, wobei der Vermittler aufgrund seiner zentralen Bedeutung in der Versicherungsbranche auch in den Mittelpunkt der Überlegungen im Online-Marketing gestellt wird. Im folgenden soll daher die Bedeutung des Online-Marketing sowohl für ein Versicherungsunternehmen als auch für den Vermittler getrennt betrachtet und auf Grundlage der in Abbildung 4[239] dargestellten Erweiterung des strategischen Dreiecks in einem gemeinsamen Modell integriert werden. Dazu wird zuerst der konzeptionelle Aufbau der einzelnen Online-Auftritte in seiner Gesamtheit betrachtet, um die zugrundeliegende Struktur aufzuzei-

---

238 Vgl. Kapitel 2.3.4.
239 Siehe Kapitel 2.2.4.

gen. Anschließend werden für das Versicherungsunternehmen und für den Vermittler die Wertketten untersucht und die Möglichkeiten für den Einsatz der Marketinginstrumente aufgezählt. Abgeschlossen wird die Betrachtung des Online-Marketing in der Versicherungsbranche durch die Zusammenführung der Betrachtungen in dem integrierten Kommunikationsmodell.

4.2 Konzeptioneller Aufbau von Online-Auftritten

Auf die Bedeutung des selbständigen Außendienstes in der Versicherungsbranche ist schon mehrfach hingewiesen worden.[240] Online-Marketing unter Berücksichtigung des Vermittlers zielt darauf ab, daß der Kunde auch im Online-Markt sich in Versicherungsfragen an seinen Vermittler wendet. Nur bei spezifischen Fragen an einen Sachbearbeiter oder in allgemeinen Fragestellungen, die das Unternehmen betreffen, sollte der Kontakt zum Versicherer hergestellt werden. Folgendes Grundkonzept wird daher vorgeschlagen:

Der Auftritt von Versicherungsunternehmen und Vermittler erfolgt jeweils mit einer eigenen Web-Site unter einheitlichem Corporate Design. Die Web-Site des Versicherungsunternehmen ist als Information-Site ausgelegt und bietet dem Interessierten das komplette Angebot an Informationen sowohl über das Unternehmen und seine Aktivitäten als auch über die einzelnen Versicherungsprodukte. Des weiteren sind Serviceleistungen denkbar, wie Checklisten im Schadenfall, FAQ-Listen oder moderierte Diskussionsforen, die der Allgemeinheit zur Verfügung gestellt werden. Der Abschluß eines Versicherungsvertrages sollte nicht auf der Web-Site des Unternehmens möglich sein. Folgende Gründe sprechen dagegen:

---

240 Vgl. Kapitel 2.2.4.

4 Online-Marketing – Ein Modell

- Wird ein Versicherungsvertrag ohne Vermittler direkt mit dem Versicherungsunternehmen abgeschlossen, handelt es sich um eine Direktversicherung. Dies wird von den Vermittlern nicht akzeptiert werden.
- Vermittler erhalten eine Vergütung auf Provisionsbasis. Wird ein Vertrag direkt beim Versicherer abgeschlossen, ist unklar, welcher Vermittler die Provision erhalten soll.
- Da die Beratungsleistung nicht stattfand, entfällt die eigentliche Grundlage für die Provision.
- Schließlich ist unklar, welcher Vermittler den Kunden in Zukunft betreuen soll.

Aus den genannten Gründen wird ersichtlich, daß Transaktionen wie Versicherungsabschlüsse nicht auf der Web-Site des Versicherungsunternehmen ermöglicht werden sollten. Die Zielgruppe des Online-Auftritts des Versicherungsunternehmen bilden also vornehmlich nicht die Kunden, sondern Unternehmensinteressierte und potentielle Kunden.

Sobald es in Bereiche der Akquisition oder des konkreten Kundenservices geht, werden Interessierte und Kunden von der Web-Site des Versicherers zu einer Vermittler-Web-Site geführt, wobei hier die geographische Nähe des potentiellen Kunden zum Vermittler ausschlaggebend für die Auswahl sein sollte. Personen, die bereits Kunde des Unternehmens sind, können ihren persönlichen Vermittler direkt anwählen. Die Web-Site des Vermittlers umfaßt neben einem *öffentlich zugänglichen Bereich* mit allgemeinen Informationen über die Serviceleistungen vor allem einen *geschützten geschlossenen Bereich*, in dem Kunden des Vermittlers Zugriff auf Informationen zu ihren Versicherungen und die Möglichkeit zu Transaktionen gegeben werden sollte. Im geschlossenen Bereich sind die in Kapitel 3.2.6 und 3.2.7 aufgeführten Rechts- und Sicherheitsprobleme zu beachten.

Technisch und redaktionell sollte die Web-Site des Vermittlers vom Versicherungsunternehmen in enger Zusammenarbeit mit dem Vermittler betreut werden. In Anbetracht der Vielzahl der Vermittler ist eine eigenverantwortliche Führung der Online-Präsenz durch den Vermittler – vor allen Dingen technisch – nicht zu gewährleisten. Insbesondere der Zugriff des Kunden auf Bestandsdaten oder die Möglichkeit von Transaktionen verlangt eine sichere Anbindung an eine Kundendatenbank, die nur vom Versicherungsunternehmen realisiert werden kann.

Schaffen es Unternehmen und Vermittler, auf diese Weise dem Kunden eine einzigartige Online-Serviceleistung – ähnlich dem Homebanking – anzubieten, kann daraus ein strategischer Wettbewerbsvorteil erwachsen, der insbesondere durch die aufwendige *technische und organisatorische Einbindung in Unternehmensprozesse* von Dauer sein kann. Des weiteren kann speziell der geschlossene Bereich mit seinen Möglichkeiten des Zugriffs auf Bestandsdaten die Transparenz über den komplexen Charakter der Versicherung erhöhen. Diese Transparenz kann helfen, die kognitive Dissonanz, die hinsichtlich der Unsicherheit bei Vertragsabschluß auftritt, abzubauen. Das Vertrauen in die Beratung des Vermittlers wird tendenziell gestärkt, was letztendlich zu einer höheren Kundenbindung führt.

Auf Grundlage dieses Konzepts wird im folgenden der Online-Auftritt von Versicherungsunternehmen und Vermittler für sich betrachtet und unter den Gesichtspunkten Wertkettenansatz und Marketinginstrumente vorgestellt. Zur Übersicht zeigt Abbildung 19 eine Skizze der zugrundegelegten Struktur.

4 Online-Marketing – Ein Modell   143

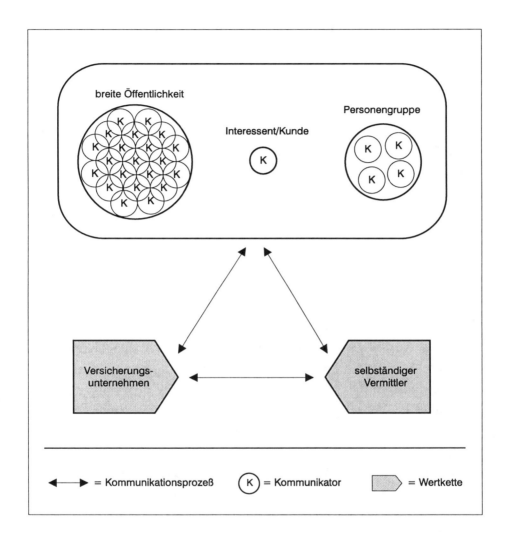

Abb. 19: Grundstruktur des Online-Marketing in der
          Versicherungsbranche

4.3 Online-Marketing im Versicherungsunternehmen

4.3.1 Der Wertansatz beim Versicherungsunternehmen

Bei der Untersuchung der Auswirkungen der Online-Kommunikation auf die Wertkettenanalyse kommt es zu Überschneidungen mit den Auswirkungen der Online-Kommunikation auf die Marketinginstrumente. Aus diesem Grund sollen im folgenden nur diejenigen Auswirkungen auf die Wertkette betrachtet werden, die nicht im Rahmen der Marketinginstrumente (siehe Kapitel 4.3.2) aufgeführt werden. Dies gilt analog für die Betrachtung des Vermittlers in Kapitel 4.4.

Aus Sicht der Unternehmen stellt ein Online-Auftritt zunächst eine zusätzliche Investition dar, der sich aber monetäre und zeitliche Einsparungspotentiale gegenüberstellen lassen. Monetäre Einsparpotentiale können daraus resultieren, daß administrative Verwaltungsaufgaben, etwa das Ausfüllen von Formularen, Anträgen oder Schadenmeldungen zum Kunden verlagert werden können. Ein weiteres Beispiel ist die mögliche Entlastung der Registratur, die für den Eingang, Ausgang und die Verteilung der Post (*Ein- und Ausgangslogistik*) zuständig ist, durch eine automatische Weiterleitung der elektronisch vorliegenden Nachricht. Zeitliche Einsparpotentiale ergeben sich durch die Online-Kommunikation und den damit verbundenen schnellen Reaktionsmöglichkeiten auf online eingegangene Kundenwünsche (*Operationen*). Auch die Tatsache, daß die Kundenwünsche bereits in elektronischer Form erfaßt sind, beschleunigt die Weiterverarbeitung.[241]

---

[241] Vgl. von Kortzfleisch, Harald F. O.: Möglichkeiten von Telekommunikation/Online-Diensten und Multimedia zur Unterstützung/Verbesserung der Interaktion zwischen dem Vertreter im Außendienst der Allianz Versicherungs-AG und den Kunden, a. a. O., S. 19 ff.

Weitere Konsequenzen ergeben sich für den *Kundendienst.* Beim Kundendienst kommt es zu Überschneidungen mit Teilen der Servicepolitik und der Öffentlichkeitsarbeit. Die meisten Serviceleistungen sollten analog zur Praxis auf den Vermittler verlagert werden (vgl. Kapitel 2.2.4). Es gibt aber eine Vielzahl von Kundendienstleistungen, die auch vom Versicherer direkt angeboten werden. Hier ist insbesondere die Möglichkeit des Schadendirektrufs über ein Call-Center hervorzuheben. Alternativ zum Schadendirektruf über Telefon kann dem Kunden die Meldung eines Schadens auch über ein WWW-Formular auf der Web-Site des Unternehmens angeboten werden.

Bei den unterstützenden Aktivitäten finden sich vor allem bei der *Marktforschung* als Teilbereich der Forschung und Entwicklung, der *Personalwirtschaft,* und der *Unternehmensinfrastruktur* Auswirkungen durch die Online-Kommunikation. Die Wertaktivität *Beschaffung* spielt für Versicherungsunternehmen nur eine untergeordnete Rolle. Hier ist kein maßgeblicher Einfluß der Online-Kommunikation festzustellen. Die Auswirkungen auf die Personalwirtschaft werden in Analogie zum Bereich Marketing und Vertrieb bei den Marketinginstrumenten in Kapitel 4.3.2 erläutert.

Eine Vielzahl von Anwendungsmöglichkeiten bieten sich für die *Marktforschung.*[242] Zum einen können mit Hilfe von E-Mail oder WWW Fragebogenaktionen schnell, einfach und kostengünstig durchgeführt werden. Dabei lassen sich sowohl Eigenschaften der Versicherungskernleistung als auch der Serviceleistungen abfragen und auf der Grundlage der Ergebnisse optimieren. Auch aus der Auswertung von Newsgroupnachrichten oder eingegangenen Kunden-E-Mails können wertvolle Informationen gewonnen werden. Die interessanteste Möglichkeit ergibt sich aber aus der Einrichtung des geschlossenen Bereichs. Da der Kunde sich bei Zugang autorisieren muß, ist er ein-

---

242 Vgl. Kapitel 3.3.4.

deutig identifizierbar. Auf diese Weise können in Verbindung mit Kundendaten Nutzerprofile erstellt werden, die bedarfsgerechte Angebote erlauben und das Potential für Cross-Selling-Strategien beinhalten. Auch wenn der geschlossene Bereich für den Kunden über die Web-Site des Vermittlers zugänglich ist, wird die Auswertung der Daten aus vorgenannten Gründen vom Versicherungsunternehmen durchgeführt und im Rahmen der Verkaufsförderung an den Vermittler weitergegeben.

Die *Unternehmensinfrastruktur* wird als Träger der unterstützenden und primären Wertaktivitäten verstanden und umfaßt unter anderem die *Finanzfunktionen* und die *IuK-Infrastruktur*.[243]

Der Online-Markt kann zunächst zur Beschaffung von *finanzspezifischen* Informationen genutzt werden. Der Bezug von aktuellen Börsennachrichten und Unternehmensnachrichten aus diversen Datenbanken ist ebenso denkbar, wie der Handel von Aktien im Online-Markt.

Die *IuK-Infrastruktur* gewährleistet den innerbetrieblichen Austausch von Daten, Informationen und Dokumenten und wird bisher hauptsächlich innerhalb lokaler Netzwerke auf der Basis bekannter Konzepte wie Ethernet und Token-Ring realisiert. Die Kommunikation mit weiter entfernten Unternehmensteilen erfolgt in der Regel über gemietete Standleitungen oder öffentliche Netze (z. B. ISDN oder Datex-P), wobei oftmals proprietäre Protokolle genutzt werden. Viele Unternehmen gehen nun dazu über, die IuK-Infrastruktur mit Hilfe der Internet-Technologie umzusetzen. Ein auf TCP/IP basierendes Netz zur internen Datenkommunikation wird auch als *Intranet* bezeichnet. Gründe für den Umstieg liegen sowohl in der Unabhängigkeit von proprietären Standards als auch in der sich abzeichnenden Tendenz,

---

243 Vgl. Alpar, Paul: Kommerzielle Nutzung des Internet: Unterstützung von Marketing, Produktion, Logistik und Querschnittsfunktionen durch das Internet und kommerzielle Online-Dienste, a. a. O., S. 241.

daß Standardsoftware wie SAP R/3 oder Lotus Notes zunehmend Schnittstellen für Intranet-Lösungen bereitstellen. Des weiteren bietet das WWW als integrativer Dienst die Möglichkeit der multimedialen Darstellung versicherungsspezifischer Anwendungssysteme unter einer einheitlichen Benutzeroberfläche.

Ein Intranet kann grundsätzlich auf zwei Arten realisiert werden.[244] Zum einen kann dies in der Form eines eigenständigen und vom Internet unabhängigen TCP/IP-Netzes geschehen. Die Verbindung mit weit entfernten Kommunikationspartnern, z. B. dem Versicherungsvermittler, erfolgt über gemietete Standleitungen oder Mehrwertdienste der Telekom. Die Vorteile dieser Lösung liegen in der hohen Sicherheit und dem garantierten Datendurchsatz, der insbesondere für zeitkritische Anwendungen an Bedeutung gewinnt. Nachteilig sind die hohen Kosten, die mit dem Aufbau eines solchen Netzes verbunden sind.

Alternativ ist die Anbindung des Unternehmensnetzes an das Internet möglich, wobei die in Kapitel 3.2.7 dargestellten Sicherheitsprobleme beachtet werden müssen. Der Zugriff von Unbefugten auf das Unternehmen muß dabei durch Firewalls, die gesicherte Datenübertragung durch Verschlüsselung gewährleistet werden. Vorteile liegen in der hohen Flexibilität und den günstigen Kosten, da für Fernverbindungen die Infrastruktur des Internet benutzt wird. Nachteile ergeben sich jedoch durch die angesprochenen Sicherheitsprobleme und dem nicht garantierten Datendurchsatz

Auf der Grundlage der oben diskutierten Vor- und Nachteile beider Alternativen erscheint die erste Lösung mit einer zentralen Anbindung des Versicherungsunternehmens ans Internet sinnvoll. Die einzelnen Niederlassungen und Versicherungsvermittler werden über Standlei-

---

244 Vgl. Alpar, Paul: Kommerzielle Nutzung des Internet: Unterstützung von Marketing, Produktion, Logistik und Querschnittsfunktionen durch das Internet und kommerzielle Online-Dienste, a. a. O., S. 243.

tungen miteinander verbunden. Über zentrale WWW-Server, die außerhalb der Firewall-Rechner liegen, wird ein Zugang zum Internet und seinen Diensten ermöglicht. Aufgrund der entscheidenden Faktoren Sicherheit und Zuverlässigkeit stellt sich diese Lösung trotz höherer Kosten als überlegen dar.

4.3.2 Die Marketinginstrumente des Versicherungsunternehmens

Beim Einsatz der Marketinginstrumente muß unterschieden werden, ob sich das Versicherungsunternehmen *unmittelbar* über die eigene Web-Site an den Markt wendet, z. B. bei der Personalbeschaffung oder der Öffentlichkeitsarbeit, oder ob die Instrumente nur *mittelbar* über den Vermittler eingesetzt werden, wie dies beim kundengerichteten Einsatz der Fall ist. Beispielsweise wollen viele Versicherungsunternehmen keinen Direktvertrieb, der Vertragsabschluß erfolgt hier mittelbar über den Vermittler. Diese Unterscheidung ist für das integrierte Kommunikationsmodell von Bedeutung, welches in Kapitel 4.5 entwickelt werden soll.

1. Leistungspolitik

Aufgrund der rechtlichen und versicherungstechnischen Rahmenbedingungen hat die Online-Kommunikation keinen direkten Einfluß auf die *Kernleistung* eines Versicherungsproduktes.[245] Lediglich ein Einbeziehen des Kunden in die Entwicklung neuer oder in die Optimierung vorhandener Versicherungsprodukte ist durch WWW-Fragebogen oder eine konsequente Auswertung von Kunden-E-Mails und Newsgroupnachrichten denkbar.

---

245 Vgl. Kapitel 2.4.2 mit den Ausführungen zur Produkt/Leistungspolitik.

4 Online-Marketing – Ein Modell

Im Rahmen der *Markenpolitik* kann bei Versicherungen versucht werden, die Dachmarke als Navigator bei der Adressierung der Web-Site zu benutzen. Besteht ein Versicherungsunternehmen aus mehreren Gesellschaften, wird über diese Form der Adressierung schon eine erste Grobeinteilung erreicht.

Große Auswirkungen hingegen hat die Online-Kommunikation auf die *Servicepolitik* eines Versicherers. Hier soll die vorgenannte Unterscheidung in den unmittelbaren und mittelbaren Einsatz von Marketinginstrumenten vorgenommen werden. Beim *unmittelbaren Einsatz* ist eine Art Direktservice möglich, bei dem der Kunde im Schadenfall ohne Umweg über den Vermittler seinen Schaden in ein WWW-Formular auf der Web-Site des Versicherers melden kann. Dies entspricht dem in der Praxis bekannten Schadendirektruf per Telefon. Neben der Online-Schadenmeldung liegt vor allem die Möglichkeit einer Rentenberechnung im Interesse des Online-Nutzers.[246]

Des weiteren können FAQ-Listen oder Checklisten im WWW angeboten werden, die Informationen zum Verhalten im Schadenfall bereitstellen. Schließlich sind auch weitere, versicherungsfremde Zusatzleistungen vorstellbar, wie das Veröffentlichen der Schwackeliste, Börsennachrichten und Tips zu Anlageformen.

Beim *mittelbaren Einsatz* erfolgt die Servicepolitik indirekt über den geschlossenen Bereich der Vermittler-Web-Site. Diese Form der Servicepolitik soll sowohl dem Versicherungsunternehmen als auch dem

---

246 Vgl. Fantapié Altobelli, Claudia; Hoffmann, Stefan: Die optimale Online-Werbung für jede Branche: Was Nutzer von Unternehmensauftritten im Internet erwarten. Die erste Analyse zur Online-Werbung für zehn Schlüsselbranchen, Studie im Auftrag der MGM MediaGruppe München und dem Spiegel-Verlag Hamburg, 1996, S. 210. Anmerkung: Die Studie ist vor allem für Versicherungsunternehmen sehr interessant, da sie die Kundenanforderungen in der Versicherungsbranche auch nach Altersgruppen clustert. Eine Berücksichtigung dieser Ergebnisse würde aber den Rahmen dieser Arbeit sprengen.

Vermittler zugeordnet werden. Grund hierfür ist, daß zum einen aufgrund der technischen Anbindung des Kunden an die Kundendatenbank des Versicherers Transaktionen direkt durch den Versicherer ermöglicht werden, zum anderen, daß der Vermittler nach eingegangenen Änderungswünschen und Mitteilungen beratend tätig werden kann. Folgende Serviceleistungen sind vorstellbar:

Der Kunde darf Informationen zum *Status seiner Versicherungen* abrufen (z. B. Zahlungsstand, eingeschlossenes Risiko, Versicherungssumme, Vertragsdauer, Rückkaufswerte, etc.), aber auch Informationen zum *Stand eines Schadenvorgangs* könnten angeboten werden (z. B. „Schaden eröffnet", „in Bearbeitung", „abgelehnt" oder „abgeschlossen und Zahlung angewiesen"). Die so erreichbare Transparenz fördert das Vertrauen des Kunden zu seinem Versicherer und damit eine höhere Kundenbindung. Auch eine Gegenüberstellung der bisher eingezahlten Beiträge im Vergleich zu den ausgezahlten Leistungen würde zur Transparenz beitragen.

Neben dem Abrufen von Informationen könnte der Kunde auch einfache *Änderungen* zu seinen Versicherungen direkt im geschlossenen Bereich veranlassen. Gewährt man dem Kunden nicht nur den Zugriff auf Informationen, sondern darüber hinaus auch die Möglichkeit, Bestandsdaten zu ändern, muß grundsätzlich geprüft werden, welche Änderungsmöglichkeiten dem Kunden zu überlassen sind. Eine Erhöhung oder Reduzierung von Versicherungssummen wäre beispielsweise nicht wünschenswert, da die Auswirkungen vom Kunden nicht immer überschaubar sind (Erklärungsbedürftigkeit der Versicherung), zum anderen dem Vermittler die Möglichkeit entzogen wird, beratend einzugreifen. Hier bietet sich der Änderungswunsch über E-Mail oder WWW-Formular an, woraufhin der Vermittler Kontakt aufnimmt. Aus diesen Gründen sollten nur einfache Transaktionen, wie Adreß- und Namensänderungen oder die Änderung der Zahlungsweise der direkten Einflußnahme des Kunden eröffnet werden.

2. Kontrahierungspolitik

Wie in Kapitel 3.3.5 ausgeführt, hat die Online-Kommunikation nur geringen Einfluß auf die *Kontrahierungspolitik* eines Versicherungsunternehmens. Monetäre Einsparpotentiale ergeben sich, wenn administrative Verwaltungsaufgaben, etwa das Ausfüllen von Formularen, Anträgen oder Schadenmeldungen zum Kunden verlagert werden können. Daraus resultierende Kosteneinsparungen können in Form eines „*Online-Rabattes*" an den Kunden weitergegeben werden.

3. Distributionspolitik

Für Versicherungsunternehmen eignet sich Online-Marketing nur eingeschränkt als Akquiseinstrument. Der immaterielle und komplexe Charakter der meisten Versicherungsprodukte und die daraus resultierende Erklärungsbedürftigkeit zeigen die Notwendigkeit der Beratung durch den Vermittler.

Die *Distributionspolitik* des Versicherers sollte nur mittelbar über den geschlossenen Bereich einer Vermittler-Web-Site erfolgen. Personen, die bereits Kunden des Unternehmens sind, können den geschlossenen Bereich ihres Vermittlers aufsuchen und dort einen Vertrag abschließen. Personen, die noch nicht Kunde sind, werden über ein Vermittlerverzeichnis zu einem in der geographischen Nähe gelegenen Vermittler verwiesen. Dort wird der Interessent aufgefordert, eine Zugangsauthorisation zu beantragen, die ihm ggfs. offline übermittelt wird.

Die Möglichkeit, Versicherungsverträge online abzuschließen, sollte aufgrund der Erklärungsbedürftigkeit der meisten Versicherungsprodukte gering gehalten werden. In Frage kommen nur einfache, standardisierte Versicherungen wie Reiserücktrittsversicherung, Kfz-Haftpflichtversicherung oder Schutzbriefe, da der Leistungsumfang entweder gesetzlich geregelt ist oder es zu keinem Beratungsaufwand des Vermittlers kommt.

Bei ausreichender Akzeptanz in der Bevölkerung und gesicherten rechtlichen Rahmenbedingungen wird die Online-Kommunikation die bisher in der Regel papiergebundene Informationsübermittlung teilweise ersetzen. Bestätigungen über den Abschluß von Versicherungen oder Schadenbearbeitungen können kostengünstig, schnell und einfach über die Online-Kommunikation abgewickelt werden.[247]

4. Kommunikationspolitik

Im Rahmen der Kommunikationspolitik erfolgt ein unmittelbarer Einsatz der Öffentlichkeitsarbeit, der marktbezogenen Verkaufsförderung und der persönlichen Kommunikation in Bezug auf den Kunden oder Interessierten, einzelne Gruppen oder die breite Öffentlichkeit. Im Hinblick auf den Vermittler wird die Kommunikationspolitik in Form der verkäuferbezogene Verkaufsförderung eingesetzt. Bei der Werbung ist sowohl ein unmittelbarer als auch ein mittelbarer Einsatz vorstellbar.

- **Werbung**
  Werbung zählt zu den klassischen Kommunikationsinstrumenten in der Versicherungsbranche. Werbung auf Seiten des Versicherungsunternehmen umfaßt sowohl die Firmen- und Imagewerbung als auch konkrete Produktwerbung. Ein ansprechender Online-Auftritt stellt bereits eine Form der Firmen- und Imagewerbung dar, wobei die Grenzen zwischen Werbung und Öffentlichkeitsarbeit verschwimmen. Aufgrund des Informationscharakters soll die Unter-

---

247 Vgl. Blawath, Stefan; Heimes, Klaus: Das Internet als Kommunikationsinstrument für Versicherungsunternehmen, in: Versicherungswirtschaft Heft 20/2996, S. 1404.

nehmensdarstellung deshalb im Rahmen der Öffentlichkeitsarbeit erläutert werden.

Gerade für die Produktwerbung bietet sich die Web-Site des Unternehmens an, da sich die vielfältigen Eigenschaften der einzelnen Versicherungsprodukte in beliebigem Umfang präsentieren lassen. Die Multimedialität erlaubt den Einsatz von Videosequenzen, Animationen oder Bildgeschichten, welche die Notwendigkeit des Versicherungsschutzes darstellen und beim Empfänger ein Sicherheitsbedürfnis wecken können. Die Interaktivität ermöglicht bei komplexen Sachverhalten das Verzweigen auf weiterführende Informationen. Insbesondere für die in der Praxis vorkommende emotionsgeladene Werbung eignet sich die multimediale Online-Kommunikation. Im Vergleich zur traditionellen Print- und Rundfunkwerbung lassen sich auch Kosteneinsparungspotentiale erkennen, da detaillierte Produktinformationen, Broschüren oder anderes Informationsmaterial kostengünstig und multimedial auf elektronischem Weg für den Kunden direkt bereitstehen und nicht aufwendig vervielfältigt und verteilt werden müssen.[248]

Ein mittelbarer Einsatz der Werbung ist durch die eindeutige Identifizierung des Kunden im geschlossenen Bereich gegeben. Durch eine entsprechende Programmierung kann der Kunde nach der Identifikation einer Zielgruppe zugeordnet werden und ihm auf Werbeflächen ein zielgruppengerechtes Angebot unterbreitet werden. Insbesondere aufgrund der verschiedenen versicherungstechnischen Lebenszyklen bietet sich diese Form der Werbung an. Ist beispielsweise bekannt, daß der Kunde geheiratet hat, wird ihm über Werbebanner automatisch eine Partnerversicherung angeboten.

---

[248] Vgl. von Kortzfleisch, Harald F. O.: Möglichkeiten von Telekommunikation/ Online-Diensten und Multimedia zur Unterstützung/Verbesserung der Interaktion zwischen dem Vertreter im Außendienst der Allianz Versicherungs-AG und den Kunden, a. a. O., S. 21 f.

- **Öffentlichkeitsarbeit**
  Die Öffentlichkeitsarbeit erfolgt ebenfalls unmittelbar auf der Web-Site des Versicherers. In einem eigenen Bereich für Öffentlichkeitsarbeit, werden neben aktuellen Pressemitteilungen vor allem Archive mit Bildmaterial, älteren Pressemitteilungen und sonstigen elektronisch veröffentlichten Dokumenten (z. B. Geschäftsberichte, Unternehmensdarstellungen, Reden, etc.) vorgehalten.

  Neben dem Einrichten eines eigenen, moderierten Diskussionsforums zu spezifischen Versicherungsfragen bietet auch das Beantworten von Fragen in öffentlichen Newsgroups vielfältige Möglichkeiten für die Öffentlichkeitsarbeit. Hier kann durch Beachtung der Netiquette und „uneigennütziges" Beantworten ein hoher Imagegewinn erreicht werden.[249]

  Des weiteren eignet sich die Online-Kommunikation zur schnellen Reaktion in Krisensituationen. In kürzester Zeit können Unternehmensdarstellungen und Stellungnahmen zu aktuellen Themen veröffentlicht werden. Hier sei noch einmal auf das in Kapitel 3.3.5 erwähnte Beispiel verwiesen, daß die Allianz Lebensversicherung neben anderen großen Versicherern im November 1996 bei der Stiftung Warentest mit der Beurteilung mangelhaft versehen wurde. Infolge dieser Veröffentlichung wurde das Vertrauen in die private Altersvorsorge stark erschüttert. Ein weiteres, aktuelles Beispiel sind die Anschuldigungen amerikanischer Juden, daß deutsche Lebensversicherer, unter anderem die Allianz, fällige Versicherungssummen während des zweiten Weltkrieges nicht an überlebende Juden ausgezahlt hätten.[250]

---

[249] Newsgroups, die sich speziell mit Finanzdienstleistungen oder Versicherungen beschäftigen, sind z. B. news:de.etc.finanz und news:misc.industry.insurance.

[250] Vgl. Schumacher, Oliver: Braune Schatten, in: DIE ZEIT, Ausgabe Nr. 16 vom 11.04.1997, S. 21.

- **Verkaufsförderung**
  Die Verkaufsförderung läßt sich in marktbezogen und verkäuferbezogen unterteilen. Während die marktbezogene Verkaufsförderung durch Anreize (z. B. Gewinnspiele und Gutscheine) versucht, den Publikumsverkehr auf der Web-Site des Versicherungsunternehmen zu erhöhen, findet die verkäuferbezogene Verkaufsförderung abseits der öffentlichen Web-Sites statt.

Wie zu Beginn des Kapitels dargestellt, sollte der geschlossene Bereich auf der Vermittler-Web-Site aufgrund der notwendigen Anbindung des Kunden an seine Versicherungsdaten vom Versicherungsunternehmen realisiert und gepflegt werden. Die im Rahmen der Marktforschung gewonnenen Daten in Bezug auf das Kundenverhalten im geschlossenen Bereich können dann dem Vermittler im Rahmen der verkäuferbezogenen Verkaufsförderung zur Verfügung gestellt werden. Diese Datenübermittlung sollte aus Sicherheitsgründen nur im Unternehmensnetzwerk oder einem Intranet erfolgen.

Der Zeitraum, bis neue Produkte auf den Markt kommen, die Vermittler damit umgehen können und die Produkte beim Kunden vorgestellt werden, ist teilweise so lang, daß die Produkte schon wieder veraltet sind. Hier bietet die multimediale Online-Kommunikation die Möglichkeit, neue Produkte schnell und anschaulich zu schulen. Des weiteren können aktualisierte Versionen für Tarifrechner online schnell und günstig übermittelt werden. Schließlich wäre auch ein Online-Anschluß des Vermittler-Notebooks an den Großrechner des Versicherers denkbar, mit dem der Vermittler immer auf aktuelle Tarife und Informationen zurückgreift.[251]

---

[251] Vgl. Blawath, Stefan; Heimes, Klaus: Das Internet als Kommunikationsinstrument für Versicherungsunternehmen, a. a. O., S. 1404.

- **Persönliche Kommunikation**
  Die persönliche Kommunikation spielt beim Versicherungsunternehmen nur eine untergeordnete Rolle, da im Idealfall jegliche Kommunikation über den Vermittler läuft. Dennoch kommt es bei der Bearbeitung von Versicherungsfällen oftmals zum direkten Kontakt zwischen Kunden und Mitarbeiter. Hier bietet die Online-Kommunikation eine schnelle, einfache und kostengünstige Alternative der Informationsübermittlung.

5. Internes Marketing

Die Leistungsfähigkeit des Personals hat bei Versicherungsunternehmen große Bedeutung für den Erfolg der Dienstleistung. Online-Kommunikation kann dabei die Instrumente des internen Marketing, die *Personalpolitik* und die *interne Kommunikation,* in der folgenden Art und Weise unterstützen.

Die Auswirkungen der Online-Kommunikation auf die Personalpolitik ergeben sich vor allem für den Bereich der *Personalbeschaffung*. Hier kann ein eigener Bereich auf der Web-Site des Versicherers als Stellenmarkt eingerichtet werden. Auch das Annoncieren in unabhängigen Stellenmärkten im WWW erweitert die Möglichkeiten der Personalbeschaffung.[252] Im Rahmen eines Intranets kann analog ein interner Stellenmarkt aufgebaut werden. Die Personalbeschaffung im WWW ist im Vergleich zu Printanzeigen kostengünstig und erlaubt eine umfangreiche, multimediale Gestaltung. Infolge der Interaktivität kann der Interessierte sofort über dasselbe Medium Kontakt mit dem Unternehmen aufnehmen.

In der *Personalentwicklung* ist ein Einsatz innerhalb des Unternehmens und in Bezug auf den Vermittler möglich. Hier bieten sich die

---

252 Als Beispiele seien http://www.stellenanzeigen.de oder http://www.jobware.de aufgeführt (Stand 02.06.1997).

im Rahmen der Verkaufsförderung (vgl. Kapitel 3.3.5) angesprochenen Möglichkeiten der Online-Schulungen (z. B. CBT) an.

Bei der *internen Individual- und Massenkommunikation* ist zu unterscheiden, ob das Versicherungsunternehmen bereits über ein eigenes internes Kommunikationssystem verfügt oder ob es eine *Intranet-Lösung* anstreben will. An dieser Stelle sollen aufgrund der Heterogenität der Unternehmensnetzwerke nur die Vorzüge eines auf Basis von TCP/IP und HTTP realisierten Intranets vorgestellt werden. Die graphische Oberfläche des WWW ermöglicht eine einheitliche Arbeitsoberfläche für die unterschiedlichsten Anwendungsprogramme eines Unternehmens. Die einfache und intuitiv zu bedienende Oberfläche reduziert Schulungsaufwand und vereinfacht den Umgang mit den verschiedenen Anwendungsprogrammen. E-Mail als internes Postkorbsystem kann problemlos zur Kommunikation auch mit externen Personen genutzt werden, während herkömmliche, teilweise proprietäre Systeme erst über ein Gateway den Kontakt mit Außenstehenden herstellen können. In diesem Fall kommt es aufgrund der eingeschränkten Funktionalität und Inkompatibilität solcher Postsysteme unweigerlich zu Medienbrüchen, beispielsweise wenn ein zeichenorientiertes Postkorbsystem eine E-Mail mit Bild erhält. Ein weiteres Einsatzgebiet stellt das Einrichten interner Newsgroups dar, die von Informationen des Betriebsrates über das Kantinenessen bis hin zu Mitarbeiter-Diskussionsforen reichen können.[253]

Auf der Basis der Online-Kommunikation läßt sich auch eine unternehmensinterne *„Knowledge-Base"* aufbauen, indem alle bisher im

---

253 Eines der bekanntesten Intranets, genannt Silicon Junction, wurde von der Computerfirma Silicon Graphics aufgebaut. Anfang 1996 hatten 7.200 Angestellte Zugriff auf weltweit 800 interne Web-Sites mit 144.000 Web-Seiten. Vgl. Alpar, Paul: Kommerzielle Nutzung des Internet: Unterstützung von Marketing, Produktion, Logistik und Querschnittsfunktionen durch das Internet und kommerzielle Online-Dienste, a. a. O., S. 246.

Unternehmen erstellten Dokumente und Präsentationen oder auch die Antworten auf gestellte Fragen in einer Datenbank gespeichert werden. Der Zugriff kann je nach Autorisation gestaffelt werden. Auf diese Weise entsteht mit der Zeit eine Wissens-Datenbank mit dem gesammelten Know-how eines Unternehmens, die von jedem Ort und zu jeder Zeit abrufbar ist.

4.4 Online-Marketing für den selbständigen Vermittler

4.4.1 Der Wertansatz beim Vermittler

Die Auswirkungen der Online-Kommunikation auf die Wertkette des Vermittlers sind im wesentlichen ähnlich denen des Versicherungsunternehmens; dies insbesondere aufgrund der Tatsache, daß die IuK-Infrastruktur des Vermittlers in der Regel durch den Versicherer zur Verfügung gestellt wird.

Ein Schwerpunkt ist speziell an solchen Stellen erkennbar, bei denen es zur Kommunikation zwischen Vermittler und Kunde kommt. Dies sind die *Ein-* und *Ausgangslogistik* und vor allem der *Kundendienst*. Die Online-Kommunikation ermöglicht hier eine kostengünstige Alternative zu bisherigen Kommunikationsformen mit der Möglichkeit der sofortigen Weiterverarbeitung (kein Medienbruch) und darüber hinaus eine neue Qualität der Kommunikationsbeziehungen. Beispielsweise wäre ein WWW-Formular denkbar, in dem der Kunde ein gewünschtes Vermittlerprofil auswählt. Dieses Profil bestimmt dann die Art und den Umfang des Kontaktes zwischen Vermittler und Kunde. Ein Kunde kann so auswählen, auf welche bevorzugte Art er in Kontakt treten will oder wie oft er einen Besuch des Vermittlers erwartet. Weitere Auswirkungen werden im Rahmen der Leistungs-/Servicepolitik im nächsten Kapitel erläutert.

4.4.2 Die Marketinginstrumente des Vermittlers

Vermittler sind zwar selbständige Gewerbetreibende, aber aufgrund der engen vertraglichen Bindung können sie faktisch als Organisationselemente und ausführende Organe des Unternehmens angesehen werden. Aus diesem Grund werden Marketingparameter wie Preis und Kernleistung vom Vermittler nicht beeinflußt. Der Schwerpunkt beim Einsatz der Marketinginstrumente liegt infolgedessen bei der Service-, der Distributions- und der Kommunikationspolitik, die der Vermittler im Zuge seiner Kundenakquisition und -betreuung einsetzen kann.

Der Online-Auftritt des Vermittlers wird über eine eigene Web-Site umgesetzt, die in einen geschlossenen und einen offenen Bereich unterteilt werden sollte. Aufgrund der Tatsache, daß der geschlossene Bereich zum großen Teil durch den Versicherer realisiert wird, ist dieser Teil weitgehend standardisiert. Lediglich im offenen Bereich ist unter Beachtung des Corporate Design eine individuelle Gestaltung des Online-Auftritts durch den Vermittler möglich.

1. Leistungspolitik

Der Vermittler hat aufgrund der engen Bindung zum Versicherungsunternehmen keinen Einfluß auf die Gestaltung der Versicherungskernleistung. Im Rahmen der Leistungspolitik kann der Vermittler aber die Servicepolitik für die Kundenbetreuung einsetzen. Im geschlossenen Bereich der Vermittler-Web-Site können WWW-Formulare ausgefüllt oder E-Mails abgeschickt werden, in denen der Kunde *Wünsche* oder *Schaden-* und *Änderungsmeldungen* zu seinen Versicherungen übermittelt. Im offenen Bereich können ebenfalls Formulare eingerichtet werden, die aber eher allgemeinen Charakter haben. Interessenten haben so die Möglichkeit, neben E-Mail auch Nachrichten direkt über das WWW an den Vermittler abschicken. Da hier die Sicherheit der Datenübermittlung jedoch nicht ohne weiteres zu gewährleisten ist, sollten vertrauliche Mitteilungen zwischen Kunde und Vermittler deshalb im geschlossenen Bereich erfolgen.

Des weiteren kann eine FAQ-Liste angeboten werden, die häufig gestellte Fragen zu den Versicherungsprodukten oder für den Schadenfall beantworten. Weitere mögliche Serviceleistungen sind diverse Checklisten (z. B. für Umzug, Urlaub) sein, eine Seite mit Neuigkeiten aus dem Versicherungsbereich (z. B. Änderung der Rechtsprechung oder neue Vertragsbedingungen) oder die Anforderung von Informationsmaterial. Auch die Anforderung einer Doppelkarte im Kfz-Bereich ist denkbar. Da es hierbei noch nicht um einen Vertragsabschluß handelt, kann die Doppelkarte über das WWW zugestellt werden.[254] In diesem Fall wird die Web-Site des Vermittlers als Akquiseinstrument eingesetzt.

Im After-Sales-Bereich wird die kognitive Dissonanz zusätzlich zu FAQ-Listen durch das Angebot des E-Mail-Kontaktes abgebaut. Mit Hilfe der E-Mail kann der Kunde mit dem Vermittler in Kontakt kommen und Fragen stellen, ohne sich mit dem Vermittler oder dessen Personal direkt auseinandersetzen zu müssen. Dies ist insbesondere für solche Personen von Bedeutung, die sich ungern mit geschultem Personal auseinandersetzen und sich in solchen Gesprächen benachteiligt fühlen. Die E-Mail gibt ihnen im Vergleich zum Brief die Möglichkeit, mit wenig Aufwand Fragen zu stellen. Die Antwort per E-Mail erlaubt es, sich im Gegensatz zu einem Telefon- oder persönlichem Gespräch in Ruhe mit den Informationen auseinanderzusetzen. Auch der Vermittler hat Vorteile durch diese Art des Kundenkontaktes; er erhält auf diesem Wege weitere Informationen über den Kun-

---

254 Bei der Doppelkarte handelt es sich um eine Deckungszusage für die Kfz-Haftpflichtversicherung beim Kauf eines neuen Kraftfahrzeugs. Da hier der Versicherungsschutz gesetzlich geregelt ist, kommt es zu keiner Beratung seitens des Vermittlers. Erst mit Ausfüllen und Abgeben der Doppelkarte ist ein Versicherungsvertrag abgeschlossen worden.

den, seine Situation oder Unsicherheit, die er für den Umgang mit dem Kunden verwenden kann. Darüber hinaus gelten sowohl für Kunden als auch für den Vermittler die Vorteile der zeit- und ortsunabhängigen Online-Kommunikation.

2. Kontrahierungspolitik

Der Vermittler hat in Analogie zur Gestaltung der Kernleistung keinen Einfluß auf die Kontrahierungspolitik. Er kann lediglich die vom Versicherer angebotenen Konditionen für den Kunden einsetzen.

3. Distributionspolitik

Die Distributionspolitik des Vermittlers läßt sich in *Vertragsanbahnung* und *Vertragsabschluß* unterteilen, wobei es hier zu Überschneidungen mit der persönlichen Kommunikation (*persönlicher Verkauf*) kommt.

Die Möglichkeiten zur Unterstützung der Vertragsanbahnung sind vielfältig. Zum einen können WWW-Fragebogen zur Gesprächsvorbereitung herangezogen werden. Der Kunde oder Interessent füllt einen entsprechenden Fragebogen mit Angaben für das zu versichernde Risiko aus und wird daraufhin vom Vermittler besucht. Der Vermittler kann nun aufgrund der Kundenangaben ein individuelles Versicherungsprodukt anbieten. Zum anderen wäre die Möglichkeit von Online-Berechnungen vorstellbar, bei denen der Kunde Angaben zum Risiko in einen WWW-Fragebogen einträgt und eine Antwortseite mit Preisen für das gewünschte Versicherungsprodukt erhält. Aufgrund der Tatsache, daß viele Versicherungsunternehmen nicht über den Preis konkurrieren und demzufolge für viele Produkte keine Preise nennen wollen, ist diese Möglichkeit zwar theoretisch denkbar, praktisch jedoch (vorerst) für die Mehrzahl der Versicherungsprodukte auszuschließen. Nur bei standardisierten oder vom Gesetzgeber geregelten Produkten (z. B. Kfz-Haftpflichtversicherung) könnten solche

Berechnungen über das WWW offeriert werden. Eine Möglichkeit, diese Problematik zu umgehen, wäre das Angebot von individuellen Beispielrechnungen, die dann aber in das Angebot einer persönlichen Beratung durch den Vermittler übergehen. Hier hat die Online-Kommunikation eine Vorverkaufsfunktion.[255] Dasselbe gilt auch für den konkreten Abschluß von Versicherungen über das WWW, wobei zusätzlich die rechtlichen Aspekte aus Kapitel 3.2.6 zu beachten sind.

Grundsätzlich kann unterschieden werden, ob man bestehenden Kunden im geschlossenen Bereich als Zusatzservice den Abschluß von einfachen Versicherungen ermöglicht oder dies als Akquiseinstrument im offenen Bereich auch Nicht-Kunden zur Verfügung stellt. In Anbetracht der Zielsetzung, Online-Marketing als Instrument zur Kundenbindung einzusetzen, sollten derartige Serviceangebote im geschlossenen Bereich angeboten werden.

4. Kommunikationspolitik

Der Schwerpunkt der Kommunikationspolitik des Vermittlers liegt in der persönlichen Kommunikation. Aufgrund der durchschnittlich geringen Unternehmensgröße spielen Werbung und Öffentlichkeitsarbeit eine geringere Rolle als beim Versicherer.

- **Werbung**
  Die Firmen- und Imagewerbung des Vermittlers erfolgt zum einen durch den Gesamtauftritt selbst, zum anderen über die individuelle Gestaltung des offenen Bereichs durch den Vermittler. Die Produktwerbung kann entweder durch Verlinkung auf die entsprechenden Seiten der Web-Site des Versicherers oder durch speziell

---

255 Vgl. von Kortzfleisch, Harald F. O.: Möglichkeiten von Telekommunikation/Online-Diensten und Multimedia zur Unterstützung/Verbesserung der Interaktion zwischen dem Vertreter im Außendienst der Allianz Versicherungs-AG und den Kunden, a. a. O., S. 38.

für die Vermittler aufbereitete Produktinformationen stattfinden. Die Produktinformationen sollten zentral vom Versicherer vorgehalten werden, damit bei allen Vermittlern ein aktuelles und gleichförmiges Aussehen gewährleistet ist.

- **Öffentlichkeitsarbeit**
Die Öffentlichkeitsarbeit spielt bei Vermittlern aufgrund der durchschnittlich geringen Unternehmensgröße nur eine untergeordnete Rolle. Öffentlichkeitsarbeit findet in der Regel auf regionaler Ebene statt durch Unterstützung lokaler Aktionen oder der Zusammenarbeit mit lokalen Journalisten. Dazu kann auf der Web-Site des Vermittlers beispielsweise ein Bereich mit entsprechenden Informationen über unterstützte Projekte eingerichtet werden.

- **Persönliche Kommunikation**
Die persönliche Kommunikation muß als das wichtigste Instrument des Vermittlers angesehen werden, da hier das eigentliche Verkaufsgespräch, die Betreuung während der Vertragslaufzeit und die Beratung im Schadenfall stattfinden. Die Online-Kommunikation bietet hierfür eine weitere Alternative, um den direkten Kontakt zwischen Kunden oder Interessenten und dem Vermittler herzustellen. Das Verkaufsgespräch selbst wird nur in den seltensten Fällen mit Hilfe der E-Mail geführt werden. Hier steht der unmittelbare persönliche Kontakt immer noch im Vordergrund. Zur Unterstützung des Verkaufsgesprächs können dem Vermittler durch Marktforschung und Verkaufsförderung des Versicherers Informationen über den Kunden bereitgestellt werden, die dieser dann im Rahmen des Direktmarketing zu gezielten Aktionen einsetzt. Mit der Zunahme der zur Verfügung stehenden Kundeninformationen weiten sich die Informationsmöglichkeiten für den Vertreter aus. Konkrete Kundendaten wie Alter, Geschlecht, Familienstand, Anzahl der Kinder und Beruf erlauben die Entwicklung detaillierter

Kundenprofile. Diese Identifizierung kann bis zur völligen Transparenz der Einkommens- und Vermögensverhältnisse führen.[256]

Des weiteren werden die im Rahmen der Distributionspolitik aufgeführten Möglichkeiten der Online-Kommunikation als Vorverkaufsfunktion unterstützend auf die persönliche Kommunikation einwirken. An dieser Stelle sei noch einmal auf die Überschneidung mit dem After-Sales-Bereich verwiesen, da die persönliche Kommunikation entscheidend zum Abbau der kognitiven Dissonanz beitragen wird (siehe Kapitel 3.3.5, dort „Leistungspolitik").

5. Internes Marketing

Die Möglichkeiten des internen Marketing für den Vermittler sind ähnlich denen des Versicherungsunternehmens. Auch der Vermittler kann das WWW zur Personalbeschaffung einsetzen, entweder durch eigene Stellenanzeigen im offenen Bereich oder durch Schalten einer Anzeige in einem offiziellen WWW-Stellenmarkt.

Auf die interne Individual- und Massenkommunikation soll an dieser Stelle nicht weiter eingegangen werden, da die IuK-Infrastruktur in der Regel durch den Versicherer zur Verfügung gestellt wird und sich deshalb analog zum Versicherungsunternehmen die in Kapitel 4.3.2 aufgeführten Möglichkeiten eines Intranets anbieten.

4.5 Das integrierte Kommunikationsmodell

Im Zusammenhang mit der strategischen Bedeutung der Kundenbindung in der Versicherungsbranche stellt Online-Marketing ein geeig-

---

256 Vgl. von Kortzfleisch, Harald F. O.: Möglichkeiten von Telekommunikation/Online-Diensten und Multimedia zur Unterstützung/Verbesserung der Interaktion zwischen dem Vertreter im Außendienst der Allianz Versicherungs-AG und den Kunden, a. a. O., S. 18.

netes Instrument dar, um neben der Gewinnung neuer Kunden vor allem die Zufriedenheit bestehender Kunden zu erhöhen.

Die vorgeschlagene Aufteilung in einen als Information-Site ausgelegten Online-Auftritt des Versicherungsunternehmens und in einer aus einem öffentlichen und einem geschlossenen Bereich bestehenden Web-Site des Vermittlers dient in erster Linie dazu, der in der Realität vorzufindenden Bedeutung des selbständigen Außendienstes auch im Online-Markt gerecht zu werden. Des weiteren wird durch die Schaffung von Transparenz das Vertrauen des Kunden in den Vermittler und damit das Versicherungsunternehmen gestärkt. Das konsequente Einbeziehen des Vermittlers in das Online-Marketing des Versicherungsunternehmens spiegelt zum einen die Praxis wider, zum anderen verlagert es Service und Vertrieb auch im Online-Marketing in die Zuständigkeit des Außendienstes.

Der Zusatznutzen, der insbesondere durch die Serviceleistungen des geschlossenen Bereichs entsteht, verschaffen dem Versicherer und dem Vermittler einen Wettbewerbsvorteil. Dieser Wettbewerbsvorteil gilt zum einen gegenüber der Konkurrenz, die über keinen Online-Auftritt verfügt. Hier kommen alle Vorteile der Online-Kommunikation zum Tragen. Aber auch gegenüber der Konkurrenz mit Online-Präsenz kann ein Wettbewerbsvorteil erreicht werden. Im gegenwärtigen Online-Markt ist zu beobachten, daß mit wenigen Ausnahmen kein Versicherungsunternehmen ein besonderes Serviceangebot bereithält. Im Fall eines existierenden Serviceangebotes wird es nicht über den selbständigen Außendienst realisiert.

Der aufgrund des vorgeschlagenen Grundkonzeptes erreichbare Wettbewerbsvorteil erfüllt die drei geforderten Bedingungen *wichtig* und *wahrnehmbar* für den Kunden, sowie *Dauerhaftigkeit*. Wichtig für den Kunden ist das Vertrauen zum Versicherer, insbesondere aufgrund der Risikosituation bei Vertragsabschluß. Auch die alternative Form der Kommunikation mit den Eigenschaften Geschwindigkeit, Einfachheit und Kostengünstigkeit ist für den Kunden von Bedeutung. Wahrnehmbar ist neben den genannten Merkmalen vor allem die größere Transparenz durch die ständige Zugriffsmöglichkeit auf Informationen über abgeschlossene Versicherungen. Die Dauerhaftigkeit des Wettbewerbsvorteils wird durch die aufwendige Realisierung des geschlossenen Bereichs und Implementierung der Online-Kommunikation an allen relevanten Stellen innerhalb der Organisation erreicht (z. B. Personal, Sachbearbeiter, Presse etc.), die kurzfristig, speziell bei großen Unternehmen, nicht zu erreichen sein dürfte. Tendenziell kann durch dieses Vorgehen neben dem Erreichen eines Wettbewerbsvorteils mit einem Ausbau der Kundenbindung gerechnet werden.

Über die Servicepolitik hinausgehend, wurden auch die restlichen Marketinginstrumente hinsichtlich ihrer Auswirkungen auf die Online-Kommunikation analysiert. Dabei wurde festgestellt, daß in Analogie zur betrieblichen Praxis die einzelnen Instrumente vom Versicherungsunternehmen und vom Vermittler unterschiedlich eingesetzt werden müssen. Des weiteren wurden die unterschiedlichen Wertketten untersucht, um Kosteneinsparungspotentiale und Differenzierungsansätze aufzuzeigen. Insbesondere die Online-Kommunikation innerhalb als auch zwischen den beteiligten Unternehmen birgt hierzu ein großes Potential. Hierzu wurde als Idealvorstellung eine Intranet-Lösung vorgeschlagen.

Abbildung 20 zeigt als zusammenfassende Darstellung aller bisher erarbeiteten Aspekte das *integrierte Kommunikationsmodell für die Versicherungsbranche*. Dazu wird auf der Grundlage des erweiterten strategischen Dreiecks aus Kapitel 2.2.4 das Online-Kommunikationsmodell abgebildet. Versicherungsunternehmen und Vermittler werden als Wertkette dargestellt, um das Potential für Kosteneinsparungen und Differenzierungsansätze aufzuzeigen. Die IuK-Infrastruktur innerhalb und zwischen den Unternehmen wird entweder herkömmlich über ein Unternehmensnetzwerk oder im Idealfall über ein Intranet realisiert.

4 Online-Marketing – Ein Modell   167

Darüber hinaus sind die Einsatzmöglichkeiten der unterschiedlichen Marketinginstrumente an den relevanten Stellen des Schaubildes eingetragen, wobei die im Laufe des Kapitels eingeführte Einteilung in mittelbaren und unmittelbaren Einsatz beibehalten wird.

Abbildung 21 soll als als Ausschnittsvergrößerung des strategischen Gesamtzusammenhangs verstanden werden, der in Abbildung 20 dargestellt ist.

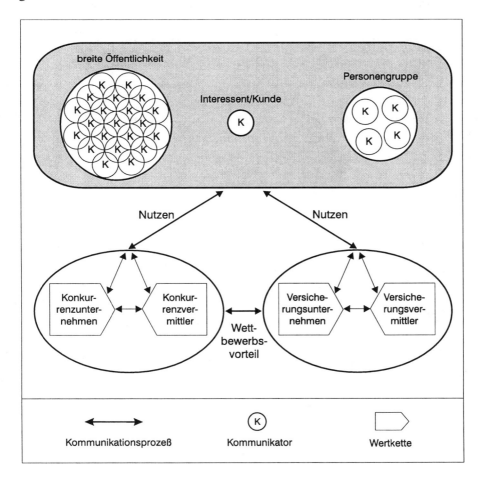

Abb. 20: Der Wettbewerbsvorteil im integrierten Kommunikationsmodell

168　4 Online-Marketing – Ein Modell

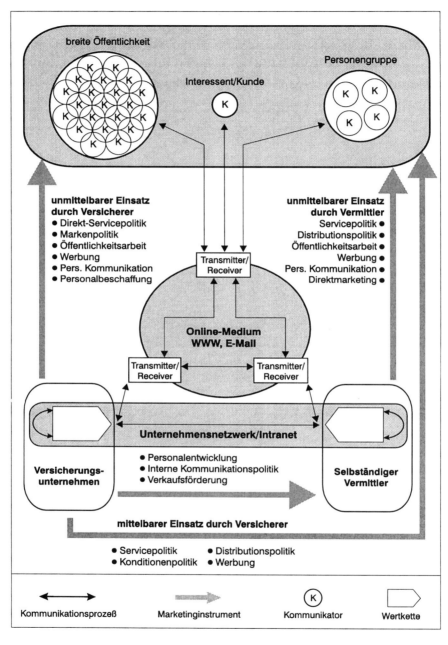

Abb. 21: Das integrierte Kommunikationsmodell in der Versicherungsbranche

5 Online-Marketing in der Versicherungsbranche – Eine Fallstudie

5.1 Ausgangssituation

In den Kapiteln 2 bis 4 wurde das integrierte Kommunikationsmodell für die Versicherungsbranche erarbeitet, das nun als Ausgangsbasis und als Ziel einer Online-Strategie für die Allianz Versicherungs-AG dienen soll. Das integrierte Kommunikationsmodell stellt dabei eine Art Idealvorstellung dar, die in drei Stufen erreicht werden soll. Hierzu wird die vorhandene, ebenfalls in drei Phasen gegliederte Online-Strategie der Allianz Versicherungs-AG zugrunde gelegt und entsprechend angepaßt.

In einem ersten Schritt wird die Ausgangssituation des Allianz-Konzerns in der Versicherungsbranche geschildert. Anschließend wird das integrierte Kommunikationsmodell auf der Grundlage der bestehenden Online-Strategie der Allianz Versicherungs-AG umgesetzt. Den Abschluß bildet eine zusammenfassende Betrachtung des Kapitels.

Die nachfolgenden Ausführungen – insbesondere bezogen auf technische und organisatorische Problemstellungen – können und sollen nicht den Anspruch auf Vollständigkeit erfüllen, da die Größe und Heterogenität des Allianz-Konzerns eine umfassende Betrachtung aller Problemfelder im Rahmen des vorliegenden Buches nicht zulassen.

Die Darstellung der Ausgangssituation des Allianz-Konzerns im Versicherungsmarkt soll in zwei Schritten erfolgen. Zunächst wird die Struktur des Allianz-Konzerns (Allianz AG) erläutert und im Anschluß daran die Situation im Privatkundengeschäft für die Allianz Versicherungs-AG als Tochtergesellschaft der Allianz AG aufgezeigt.

Der Konzern wird geleitet durch die Allianz Aktiengesellschaft (Allianz AG), welche die strategische Führung wahrnimmt.[257] Die Allianz AG ist, gemessen an den weltweit erzielten Beitragseinnahmen, der größte europäische Versicherungskonzern und in 53 Ländern mit insgesamt etwa 70.000 Mitarbeitern vertreten (die bisher und im folgenden aufgeführten Kennzahlen beziehen sich auf den Stand Mitte 1997).

Regional gliedert sich der Konzern in fünf *Unternehmensbereiche*, in denen die Tochtergesellschaften zusammengefaßt werden. Aufgrund eines dezentralen Führungsansatzes liegt die Verantwortung für das operative Geschäft bei den einzelnen Tochtergesellschaften innerhalb der Unternehmensbereiche.

Diese fünf Unternehmensbereiche sind

- Schaden- und Unfallversicherung in Deutschland,
- Lebens- und Krankenversicherung in Deutschland,
- Europa,
- Nordamerika,
- Übersee,

wobei unter „Übersee" alle übrigen Kontinente zusammengefaßt sind.[258] Die Allianz Versicherungs-AG, mit deren Unterstützung die vorliegende Analyse erstellt wurde und die auch im folgenden den Schwerpunkt der Betrachtung bilden soll, wird dem ersten Bereich, Schaden- und Unfallversicherung in Deutschland, zugeordnet.

---

257 Vgl. Allianz Aktiengesellschaft (Hrsg.): Horizonte: Ein Unternehmensprofil der Allianz Gruppe, Ausgabe 1996, S. 3 ff.

258 Vgl. Allianz Aktiengesellschaft (Hrsg.): Horizonte: Ein Unternehmensprofil der Allianz Gruppe, a. a. O., S. 4.

5 Online-Marketing – Eine Fallstudie

Übergreifend über alle Tochtergesellschaften sieht die Allianz AG ihre Wettbewerbsvorteile neben der *Internationalität*, dem *Know-how* und der hohen *Finanzkraft* des Konzerns vor allem in der *Servicequalität*.[259] Der Service wird bei der Allianz AG in erster Linie über den selbständigen Außendienst realisiert, der in Deutschland etwa 9.500 hauptberufliche Vertreter umfaßt, die ausschließlich für den Konzern tätig sind (Ausschließlichkeitsorganisation). Auf diese selbständigen Vermittler entfallen rund 85 Prozent des Privatkundengeschäfts.[260]

Bezogen auf das Privatkundengeschäft war das Marktpotential der Allianz AG 1994 noch nicht ausgeschöpft. Der Konzern sieht sich einem zunehmendem Wettbewerbsdruck durch Billigpreis- und Direktversicherern gegenübergestellt, hat jedoch den Einstieg in die Direktversicherung bisher ausgeschlossen und die herausragende Stellung des selbständigen Außendienstes betont.[261]

Eine Möglichkeit, den angesprochenen Problemfeldern entgegenzuwirken, wird in der Verbesserung der Servicequalität gesehen, um über eine Erhöhung der Kundenbindung die Wahrscheinlichkeit für weitere Abschlüsse sowie Nach- und Höherversicherungen zu erhöhen. Aufgrund eines 1995 erstellten Kundenzufriedenheitsbarometers werden als Hauptdeterminanten der Servicequalität die *Schnelligkeit*

---

[259] Vgl. Allianz Aktiengesellschaft (Hrsg.): Horizonte: Ein Unternehmensprofil der Allianz Gruppe, a. a. O., S. 2 f.

[260] Vgl. Allianz Aktiengesellschaft (Hrsg.): Horizonte: Ein Unternehmensprofil der Allianz Gruppe, a. a. O., S. 12. Anmerkung: Die Allianz spricht im Zusammenhang mit dem Außendienst grundsätzlich von Vertretern, unabhängig davon, ob es sich um Abschlußvertreter oder -vermittler handelt. Aus diesem Grund sollen im folgenden die Begriffe Vertreter und Vermittler synonym verwendet werden.

[261] Vgl. von Kortzfleisch, Harald F. O.: Möglichkeiten von Telekommunikation/ Online-Diensten und Multimedia zur Unterstützung/Verbesserung der Interaktion zwischen dem Vertreter im Außendienst der Allianz Versicherungs-AG und den Kunden, a. a. O., S. 33.

der Schadenregulierung, die *Erreichbarkeit von Vertreter und Innendienst* sowie die *Häufigkeit des Vertreter-Kunden-Kontaktes* aufgeführt.[262]

Sowohl die als unbefriedigend anzusehende Ausgangssituation im Privatkundengeschäft als auch die zunehmenden Anforderungen hinsichtlich Schnelligkeit, Erreichbarkeit und Kontakthäufigkeit zeigen die Notwendigkeit einer Verbesserung der Servicequalität. Online-Marketing stellt nun eine Option dar, diesen Anforderungen mit Hilfe der Online-Kommunikation zu begegnen und mittelfristig einen Wettbewerbsvorteil durch eine neue Servicequalität aufzubauen.

Im folgenden wird die Bezeichnung „Allianz" als zusammenfassende Kurzform für alle Bereiche des Allianz-Konzerns verwendet, die von der Online-Strategie betroffen sind.

5.2 Der Status Quo der Online-Strategie

Die Allianz ist seit Anfang der achtziger Jahre in T-Online (früher BTX) und seit Oktober 1995 im World Wide Web vertreten.[263] Anfangs bestand der Auftritt im WWW in einer einfachen Homepage mit Informationen zu Stellenangeboten der Allianz. Im Laufe des Jahres 1996 wurde ein neuer Auftritt der Allianz beschlossen, der in *drei Phasen* realisiert werden soll. Die *erste Phase* soll die *Präsenz* der Allianz im WWW sicherstellen und das *Image* eines innovativen Unternehmens, daß sich mit den neuen Medien auseinandersetzt, aufbauen. Des weiteren soll das Image des Marktführers adäquat im WWW um-

---

262 Vgl. Allianz-Marketingforschung: Kundenzufriedenheitsbarometer 1995, internes Papier vom 25.10.1995, zur Verfügung gestellt durch Allianz-Marketingforschung, Folie Fazit Kundenzufriedenheitsbarometer (1) - (4).

263 Die Allianz gehörte zu den ersten Testfeldteilnehmern in BTX.

gesetzt werden. Phase 1 war zum 1. März 1997 abgeschlossen und beinhaltete die folgenden Schwerpunkte:

- Produktinformationen im Privatkundenbereich,
- Unternehmensdarstellung,
- Presse- und Öffentlichkeitsarbeit,
- Personalmarketing,
- Direktservice in Form von Schadenmeldung, Anforderung einer Doppelkarte oder grünen Versicherungskarte[264] sowie Kontaktmöglichkeit zur Allianz mittels E-Mail,
- Verzeichnis mit Konzerngesellschaften,
- Agenturverzeichnis.

Über die inhaltlichen Schwerpunkte hinaus wurden in Phase 1 ein Styleguide und ein Systemhandbuch erstellt, welche die Anforderungen hinsichtlich Corporate Identity und Corporate Design sowie die technischen Voraussetzungen für die Implementierung der notwendigen Software- und Hardwaretechnologie festlegen.

In der *zweiten Phase* sollten ab Mai 1997 die Voraussetzungen für die *Dialogfähigkeit* zwischen Kunde, Interessent und Allianz geschaffen werden. Dies umfaßt die Entwicklung und Implementierung der einzelnen Vertreter-Web-Sites sowie die E-Mail-Anbindung der Außendienst-Agenturen. Darüber hinaus sollte der Bereich der Produktinformationen evtl. um Industrie- und Gewerbeprodukte erweitert werden.

---

264 Bei Fahrten mit dem Fahrzeug im Ausland ist die grüne Versicherungskarte die Bestätigung, daß für das Fahrzeug eine Haftpflichtversicherung besteht. In einigen Ländern ist der Führer des Fahrzeugs verpflichtet, eine grüne Versicherungskarte mitzuführen.

Die *dritte Phase*, die ab Januar 1998 begann, soll neben dem Ausbau der Kommunikationsmöglichkeiten schwerpunktmäßig *Transaktionen* des Kunden bezüglich seiner Versicherungen ermöglichen.

Eine Übersicht über das Drei-Phasen-Modell der Allianz gibt Abbildung 22.[265]

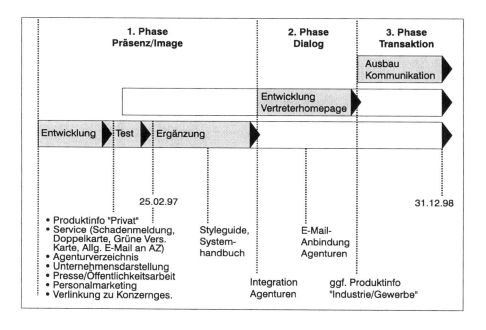

Abb. 22: Das Drei-Phasen-Modell der Allianz

Das zuvor erarbeitete integrierte Kommunikationsmodell wurde als Vorschlag und Zielvorstellung in das Drei-Phasen-Modell eingebracht Zur Ausrichtung des Drei-Phasen-Modells am Kommunikationsmodell wurde Anfang 1997 der nachfolgend dargelegte Drei-Stufen-Plan

---

265 Quelle: Allianz-AV/Medienzentrale: Entwicklungsphasen Allianz-Online, internes Papier Februar 1997, zur Verfügung gestellt durch Allianz-AV/Medienzentrale.

erarbeitet, der die vorhandene Online-Strategie berücksichtigt, einen Vorschlag zur Gestaltung der Vermittler-Web-Site macht und Transaktionen im Rahmen der Vermittler-Web-Site ermöglicht.

5.3 Der Drei-Stufen-Plan

5.3.1 Stufe 1 – Präsenz und Image

Die erste Stufe entspricht im wesentlichen der ersten Phase des Drei-Phasen-Modells. In dieser Stufe wird der Online-Auftritt der Allianz als Information-Site ausgelegt und die Vertreter in Form eines Vertreterverzeichnisses aufgenommen. Die Aufteilung in einen eigenen Online-Auftritt des Versicherungsunternehmens und der Vermittler erfolgt in dieser Phase noch nicht.

In einem Vorgriff auf die zweite Stufe werden erste Dialogmöglichkeiten im Rahmen von WWW-Formularen und E-Mail ermöglicht. Intern werden die Nachrichten über ein *SNA-Gateway* in das interne Postkorbsystem *Memo* übersetzt oder auf herkömmlichen Postwegen (z. B. auch Telefax) an die Empfänger weitergeleitet.[266] Die hier auftretenden Kompatibilitätsprobleme sind vorerst noch individuell zu lösen. Das Anbieten dieser ersten Serviceleistungen ist als positiv zu bewerten, jedoch muß darauf geachtet werden, daß auf diesem Weg eingehende Nachrichten mit hoher Geschwindigkeit und Zuverlässigkeit weitergeleitet und bearbeitet werden müssen. Das Negativimage aufgrund verzögerter oder verlorengegangener Antworten kann unter

---

266 Bei SNA (Systems Network Architecture) handelt es sich um eine verbreitete Netzwerkarchitektur von IBM. Vgl. Stahlknecht, Peter: Einführung in die Wirtschaftsinformatik, a. a. O., S. 147. Memo ist ein elektronisches Postkorbsystem der Firma Verimation. Vgl. Verimation Homepage, online im Internet: http://www.veriuk.demon. co.uk/index.html (Stand 02.04.1997).

Umständen durch den Online-Nutzer höher bewertet werden als der Imagegewinn aufgrund der angebotenen Serviceleistung.

Die Sicherheitsanforderungen sind (noch) niedrig, da nur eingeschränkt Möglichkeiten zum Dialog vorliegen und die Web-Site des Unternehmens auf einem vom Allianz-Netzwerk unabhängigen WWW-Server liegen kann. Der Dialog kann über einen Firewall-Rechner geleitet werden. Die Allianz sieht bereits ein umfassendes Sicherheitskonzept vor, das auch den Anforderungen der zweiten und dritten Phase genügen soll.

In der ersten Stufe sind kaum technische und organisatorische Auswirkungen der Online-Kommunikation zu erkennen, da die eingehenden Nachrichten zentral erfaßt und über interne Kommunikationswege (Memo/Fax) verteilt werden. Da es sich hierbei größtenteils um eine Einweg-Kommunikation handelt, sind nur eingeschränkt direkte Antworten über das Online-Medium möglich. Die Mehrzahl der ausgehenden Nachrichten muß auf herkömmlichen Wegen (Fax, Telefon, Briefpost) übermittelt werden.

Die erste Stufe kann in das Konzept des integrierten Kommunikationsmodells derart eingeordnet werden, daß alle im Rahmen des *unmittelbaren Einsatzes* aufgeführten Marketinginstrumente auf der Web-Site der Allianz angewendet werden. Die *Direkt-Servicepolitik* erfolgt im Rahmen der Online-Schadenmeldungen und diverser FAQ-Listen für den Umgang im Schadenfall. Auch Rentenberechnungen könnten online durchgeführt werden oder zumindest als Gutscheine verteilt werden. Die *Markenpolitik* erfolgt durch eine entsprechende Adressierung aller Tochtergesellschaften der Allianz Web-Site (z. B. http://www.allianz-kag.de für die Allianz Kapitalanlagengesellschaft). Die Individualkommunikation (*persönliche Kommunikation*) wird durch die Dialogmöglichkeiten mit Hilfe von WWW-Formularen und E-Mail gewährleistet, die individualorientierte Massenkommunikation (*Werbung, Öffentlichkeitsarbeit*) darüber hinaus durch ein entsprechend vorgehaltenes Informationsangebot für den interaktiven Dialog mit dem Medium (z. B. bei Produktinformationen oder Pressemitteilungen). Schließlich werden im Rahmen einer ausführlichen Stellenbörse die Möglichkeiten der Personalbeschaffung erweitert.

5.3.2 Stufe 2 – Dialog

Die zweite Stufe hat die Dialogfähigkeit zwischen Kunden, Interessenten, Vertretern und Mitarbeitern der Allianz zum Inhalt. Dazu wurde im Juli 1997 eine neue Kommunikationsstruktur in der Allianz eingeführt. Im Zuge dieser Umstrukturierung kann jedem Mitarbeiter, unabhängig ob Sachbearbeiter oder Vertreter, eine internetfähige Mailadresse zugeordnet werden. Auf diesem Weg hat der Online-Nutzer die Möglichkeit, mit jedem Sachbearbeiter oder Vertreter mittels E-Mail in Kontakt zu treten.

Im Rahmen der zweiten Stufe ist auch die Entwicklung und Implementierung der Vermittler-Web-Site geplant. Grundsätzlich ist zu beachten, daß eine Reihe von Allianz-Vertretern bereits über einen eigenen Online-Auftritt verfügen. In diesem Fall muß die Möglichkeit geschaffen werden, diese Vertreter über einen Link auf der Web-Site der Allianz anzuwählen. Trotzdem sollte darauf hingearbeitet werden, daß alle Vertreter mit einem einheitlichen Erscheinungsbild im WWW auftreten.

Das Kommunikationsmodell sieht vor, daß die Vermittler-Web-Site in einen offenen und einen geschlossenen Bereich unterteilt wird. Da der geschlossene Bereich die Serviceleistungen beinhaltet, die auf Transaktionen beruhen, erfolgt dessen Entwicklung in der dritten Stufe. Infolgedessen beschäftigt sich die zweite Stufe nur mit der Gestaltung des offenen Bereiches. Dazu wird folgende Struktur und Vorgehensweise vorgeschlagen:

Der Aufbau des offenen Bereichs der Vermittler-Web-Site läßt sich in zwei Teile untergliedern. Der erste Teil besteht aus *standardisierten Inhalten*, die von der Allianz für alle Vertreter vorgehalten werden. Hierfür kommen Produktinformationen, Fragebögen zur Gesprächsvorbereitung und Serviceangebote in Betracht. Ziel dieser standardisierten Inhalte sollte ein geschlossenes Auftreten und ein einheitlicher Informationsgehalt sein. Vorteile ergeben sich durch den geringen Pflegeaufwand für den Vertreter aufgrund der zentral vorgehaltenen Informationen und der über alle Vertreter gleichbleibenden Qualität des Informationsangebotes.

Der zweite Teil kann *individuell* vom Vertreter unter den Richtlinien des Corporate Design/Corporate Identity gestaltet werden. Hier soll der Vertreter seine Agentur vorstellen (z. B. Öffnungszeiten, Beratungsschwerpunkte), Stellenangebote veröffentlichen und dem Kunden und Interessenten die Möglichkeit bieten, über ein WWW-Formular oder per E-Mail mit dem Vertreter in Kontakt zu treten. Darüber hinaus ist ein Bereich denkbar, in dem der Vertreter individuelle Inhalte anbietet, die für ihn und seine Region von Interesse sind (z. B. Links zu kooperierenden Geschäftspartnern, Bekanntmachungen, etc.).

Automatische Transaktionen sind in dieser Stufe nicht vorgesehen. Dem Kunden wird aber die Möglichkeit gegeben, seine Wünsche und Mitteilungen per WWW-Formular oder als E-Mail dem Vertreter zu übermitteln, wobei die angesprochenen Sicherheitsprobleme zu beachten sind. Der Vertreter veranlaßt dann die notwendigen Schritte analog zu einem schriftlich oder telefonisch eingegangenen Kundenwunsch. Dem Online-Nutzer bietet sich der Vorteil eines zusätzlichen Kommunikationsweges.

Die Web-Site des Allianz-Vertreters sollte technisch und organisatorisch folgendermaßen realisiert werden: Entscheidet sich ein Vertreter für einen Online-Auftritt, kann er im Rahmen eines *Vorlagenkataloges* den Umfang und die Gestaltung seines Auftritts bestimmen. Je nach

5 Online-Marketing – Eine Fallstudie

Beratungsschwerpunkt wählt er aus dem Angebot der standardisierten Inhalte die für seine Agentur relevanten Informationsangebote aus. Die Gestaltung der individuellen Seiten kann in enger Zusammenarbeit mit der Allianz erfolgen (z. B. durch Musterseiten, redaktionelle Unterstützung, etc.).

Die technische Realisierung übernimmt die Allianz, welche die Web-Site auf einem Allianz-Server außerhalb der Firewall-Rechner einrichtet. Der Zugang des Vertreters zum WWW sollte anfangs durch einen vom Allianz-Netz unabhängigen Stand-alone-Rechner erfolgen. In einer späteren Phase kann über das Allianz-Netz ein Zugriff auf das WWW bereitgestellt werden. Denkbar wäre in diesem Zusammenhang, daß die Allianz als Provider für die Vertreter auftritt und der Internetzugang über das Allianz-Netz erfolgt. Darüber hinaus sollten grundsätzlich die Möglichkeiten eines leistungsfähigen Intranets für die Anbindung der Vertreter an das Allianz-Netz in Betracht gezogen werden. Da dies einen eigenen Themenbereich darstellt, soll an dieser Stelle lediglich darauf hingewiesen, aber nicht weiter eingegangen werden.

Die Verwaltung der Vertreter-Web-Site durch die Allianz gewährleistet Pflege, Wartung und Sicherheit. Außerdem kann durch die automatische Weiterleitung eingehender Nachrichten in den Memo-Postkorb des Vertreters der Arbeitsaufwand für verschiedene Postkörbe (E-Mail, Memo, Lotus Notes, etc.) vermieden werden. Ein weiterer Vorteil ist die Möglichkeit der späteren Anbindung der Vertreter-Web-Site an notwendige Kundendaten, die im Hinblick auf die Einrichtung eines geschlossenen Bereiches von Bedeutung sein wird.

Aufgrund des noch ausstehenden geschlossenen Bereichs beschränken sich die Möglichkeiten der Marketinginstrumente in Stufe 2 auf die *Servicepolitik,* die *Werbung,* die *Öffentlichkeitsarbeit* und die *persönliche Kommunikation.*

Die *Servicepolitik* erlaubt die Übermittlung der Kundenwünsche per E-Mail und WWW oder die Anforderung von Informationsmaterial, welches online (z. B. als PDF-Dokument) oder herkömmlich per Briefpost übermittelt wird. Darüber hinaus kann mit Hilfe eines WWW-Formulars die Möglichkeit angeboten werden, ein gewünschtes *Vertreterprofil* auszuwählen, das den Umfang, die Art und die Häufigkeit des Vertreterkontaktes bestimmt. Dieses Vorgehen erlaubt den individuellen Umgang mit dem Kunden. *Werbung* erfolgt zum einen über den standardisierten Teil in Form der Produktwerbung, zum anderen aber auch durch individuelle Vertreterinhalte. Des weiteren sind im individuellen Teil Möglichkeiten für *Öffentlichkeitsarbeit* gegeben. Die *persönliche Kommunikation* wird analog zur Web-Site der Allianz mit Hilfe von E-Mail und WWW gewährleistet.

In Abbildung 23 wird die Struktur eines Online-Auftritts des Vertreters in Stufe 2 beispielhaft dargestellt, die der Allianz aufgrund der vorangegangenen Analysen vorgeschlagen wurden. Tabelle 10 erläutert im Anschluß daran die in Abbildung 23 gezeigten Auswahlpunkte.

5 Online-Marketing – Eine Fallstudie

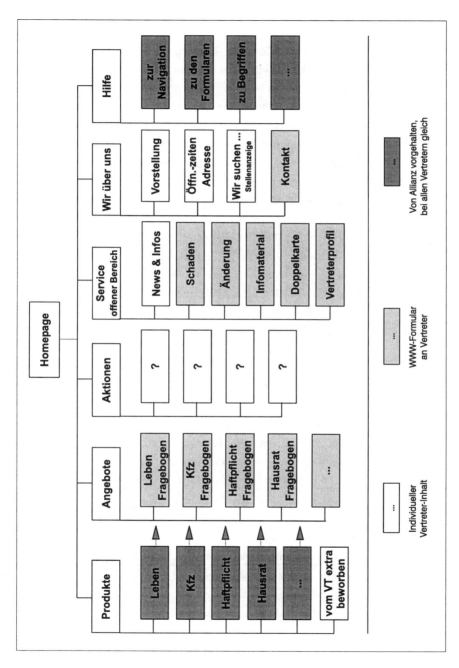

Abb. 23: Beispielhafte Struktur der Vermittler-Web-Site

Produkte:	Kurze Informationen als Einstieg in das gewählte Versicherungsprodukt. Bei Interesse wird der Kunde zu einer Angebotsseite geführt. Der Inhalt kann entweder eigens für die Vertreter erarbeitet sein und sich damit von Produktinformationen auf der Allianz-Web-Site in Umfang und Tiefe unterscheiden, es können jedoch auch die Seiten der Allianz-Web-Site genutzt werden.
Angebote:	WWW-Fragebogen, in denen der Kunde Angaben zum jeweiligen Versicherungsangebot machen kann. Der Vertreter kann sich dann bei ihm per E-Mail, Telefon, Brief oder persönlich melden. Ein Online-Angebot (direkte Antwort über das WWW) ist zumindest zu diesem Zeitpunkt nicht vorgesehen.
Aktionen:	Hier kann der Vertreter individuelle Inhalte anbieten, die für ihn, seine Kunden und seine Region von Interesse sind. Diese müssen keinen direkten Bezug zur Allianz haben. Z. B. können Spieltermine von lokal geförderten Sportvereinen, Ankündigungen für eine regionale Gewerbeschau oder Links zu kooperierenden Anbietern veröffentlicht werden.
Service:	Der Servicebereich umfaßt alle Angebote, die mit Anforderungen oder Mitteilungen des Kunden für den Vertreter (Änderungsanzeigen, Schadenmeldungen, Doppelkarte, Prospektmaterial) zusammenhängen. Des weiteren kann über Neuigkeiten zu Versicherungen, Bedingungen, Rechtsfragen etc. berichtet werden. Der Kunde kann durch Auswahl eines Vertreterprofil den Umfang und die Art des gewünschten Kontaktes bestimmen.
Wir über uns:	Dieser Bereich dient zur Selbstdarstellung des Vertreters, seiner Agentur, seiner Geschäftsidee, seinen Beratungsschwerpunkten und für Stellenanzeigen. Hier kann der Kunde auch per E-Mail oder WWW-Formular mit dem VT in Kontakt treten.
Hilfe:	Hier könnte eine Hilfestellung zum Umgang mit der Navigation auf der Web-Site, zum Ausfüllen der Formulare und eine kleine Sammlung mit Begriffserklärungen zu finden sein.

Tab. 10: Kurzbeschreibung der Auswahlpunkte auf der Vermittler-Web-Site

5.3.3 Stufe 3 – Transaktion

Die dritte Stufe beschäftigt sich neben dem Ausbau der ersten beiden Stufen vor allem mit der Entwicklung und Implementierung des geschlossenen Bereichs auf der Vermittler-Web-Site. In diesem Bereich finden alle Service- und Distributionsleistungen statt, die zum einen einer Anbindung des Kunden an Datenbestände der Allianz bedürfen, zum anderen unter besonderen Sicherheitsaspekten zu behandeln sind. An dieser Stelle kann überlegt werden, ob einige der zuvor im offenen Bereich angebotenen Serviceleistungen in den geschlossenen Bereich verschoben werden. Grund hierfür wären sowohl die bessere Gewährleistung der Sicherheit als auch die Möglichkeit der eindeutigen Identifizierung des Absenders, was insbesondere für anknüpfende Transaktionen von Bedeutung ist.

Technisch umgesetzt und verwaltet wird der geschlossene Bereich durch die Allianz. Der Kunde erhält nach erfolgreicher Anmeldung (z. B. über persönliche Identifikationsnummer; PIN) Zugang zum geschlossenen Bereich. Dort kann er Informationen zu seinen Versicherungen abrufen und auch Transaktionen vornehmen (z. B. Adressenänderung, Abschluß bestimmter Versicherungen). Die notwendige Anbindung der Kundendatenbanken der Allianz mit den Browsern der Kunden erfolgt über CGI-Skripte.[267] Zur Gewährleistung der Sicherheit sollen digitale Signaturen (z. B. Transaktionsnummern TAN in

---

267 CGI-Skripte (Common Gateway Interface) ermöglichen die Kommunikation und damit den Datenaustausch zwischen WWW-Servern und Datenbanken. Mit Hilfe von CGI-Skripten werden sowohl Anfragen des Kunden als auch vom Kunden in WWW-Formulare eingegebenen Daten an den Firewall-Rechner weitergeleitet und auf Plausibilität geprüft. Anschließend werden die Anfragen oder Informationen an die Datenbanken des Unternehmens, hier der Allianz, weitergegeben und verarbeitet. Dabei ist es gleichgültig, ob die Daten in relationalen oder in hierarchischen Datenbanken geführt werden. Antworten der Datenbank werden als HTML-Dokumente an den Browser des Kunden zurückgeschickt.

Verbindung mit Kryptographie) eingesetzt werden, die sowohl die Daten vor unbefugtem Zugriff durch Verschlüsselung schützen als auch zusammen mit der PIN den Absender als transaktionsberechtigt identifizieren. Die Bezahlung von neu abgeschlossenen Versicherungen kann über das in der Versicherungsbranche übliche Lastschriftverfahren abgewickelt werden. Als Unterschrift dient in einem solchen Fall die digitale Signatur.[268] Die Versicherungsbestätigung in Form der Police erfolgt entweder per E-Mail oder auf herkömmlichem Wege per Briefpost.

Hat ein Kunde Versicherungen bei verschiedenen Vertretern abgeschlossen, kann er diese auch nur in den jeweiligen geschlossenen Bereichen der betroffenen Vertreter-Web-Sites abrufen. Grund hierfür ist zum einen, daß die Versicherungen in den jeweiligen Betreuungsbereich der Vertreter fallen, zum anderen die Tatsache, daß bei der Allianz Kunden bislang nur in Verbindung mit dem zugehörigen Vertreter eindeutig identifizierbar sind.

Bei der Realisierung des geschlossenen Bereichs konnte auf die Erfahrungen der Allianz Kapitalanlagegesellschaft zurückgegriffen werden, die im Rahmen ihres Fondsgeschäfts Kunden ab April 1997 die Möglichkeit des Fonds-Banking anbietet.[269]

Bezogen auf den Einsatz der Marketinginstrumente dient der geschlossene Bereich sowohl der Allianz (mittelbar) als auch dem Vertreter (unmittelbar).

Im Rahmen der *Servicepolitik* werden der Allianz alle Serviceleistungen zugerechnet, die aufgrund der Anbindung des Kunden an seine

---

268 Im WWW mögliche Zahlungsmethoden wie E-Cash kommen für die Versicherung wohl nicht in Frage, da die Langfristigkeit der Verträge eine laufende Beitragszahlung voraussetzt.
269 Vgl. Allianz Kapitalanlagegesellschaft, online im Internet: http://www.allianz-kag.de (Stand 02.04.1997).

Bestandsdaten ermöglicht werden (z. B. Informationsabruf, einfache Transaktionen). Außerdem kann die Allianz dem Kunden Online-Rabatte anbieten (*Konditionenpolitik*), wenn sich Verwaltungsaufgaben durch die Online-Transaktionen reduzieren lassen und diese Kosteneinsparungen an den Kunden weitergegeben werden können.

Der Abschluß von Versicherungen im geschlossenen Bereich muß der *Distributionspolitik* zugerechnet werden. Werden Abschluß der Versicherung, Bezahlung und Übermittlung der Versicherungsbestätigung online durchgeführt, handelt es sich um den in Kapitel 3.3.5 diskutierten Typ 3 der Online-Distribution, da der eigentliche Dienstleistungsprozeß, das Bereitstellen des Versicherungsschutzes, offline stattfindet.

Die aufgrund der eindeutigen Nutzeridentifikation gewonnenen Verhaltensdaten können unter Beachtung datenschutzrechlicher Bestimmungen in Verbindung mit bestehenden Kundeninformationen im Rahmen der Verkaufsförderung an den Vertreter weitergegeben werden. Der Vertreter kann diese Informationen dann für Bestandsaktionen (z. B. Anschreiben aller Kunden, deren Sohn oder Tochter volljährig geworden ist) oder für *Direktmarketing* einsetzen. Darüber hinaus läßt sich der geschlossene Bereich derart gestalten, daß bei Identifikation des Kunden ein entsprechendes Informationsangebot über Werbeflächen angezeigt wird (z. B. Partnerversicherung nach Heirat). Dazu ist eine Programmierung notwendig, die den Kunden nach der Identifizierung aufgrund bekannter Kundeninformationen einer Zielgruppe zuordnet und ein entsprechendes Werbeangebot dynamisch bereithält (*Werbung*).

Hinsichtlich des Vertreters kommen neben den erwähnten Möglichkeiten der Bestandsaktionen und des Direktmarketing weitere Möglichkeiten der *Servicepolitik* und *Distributionspolitik* hinzu. Da der Vertreter über alle Vorgänge im geschlossenen Bereich durch die Allianz informiert werden sollte, bietet sich für ihn die Gelegenheit, bei übermittelten Änderungswünschen, analog zum offenen Bereich, beratend einzugreifen. Darüber hinaus können im Rahmen der Vertragsanbahnung Tarifberechnungen und ausführlichere Fragebögen zur Gesprächsvorbereitung angeboten werden, da aufgrund der höheren Sicherheit eher mit der Angabe von sensiblen Kundendaten gerechnet werden kann als im offenen Bereich. Auch bei allen Vertreter-bezogenen Aktionen sind die gültigen Datenschutzbestimmungen strikt zu beachten.

Zusammenfassend gibt Tabelle 11 einen Überblick über die möglichen Serviceleistungen des geschlossenen Bereichs.

5.4 Die neu ausgerichtete Online-Strategie

Gegenstand von Kapitel 5 war die Entwicklung eines Online-Konzeptes auf der Grundlage der bestehenden Online-Strategie der Allianz und dem in den vorangegangenen Kapiteln erarbeiteten integrierten Kommunikationsmodell. Schwerpunkt der Überlegungen stellte dabei die Berücksichtigung des selbständigen Vermittlers durch eine eigenständige Web-Site des Allianz Vertreters dar. Infolge dieser Aufteilung können aus Kundensicht eine Vielzahl der Serviceleistungen in gewohnter Weise vom zuständigen Vertreter angeboten werden. Die in der Ausgangssituation gestellten Anforderungen hinsichtlich *Schnelligkeit*, *Erreichbarkeit* und *Kontakthäufigkeit* lassen sich durch die Vorteile der Online-Kommunikation ansatzweise bereits in der ersten Stufe, vollständig spätestens in der zweiten Stufe erfüllen. Insbesondere durch die Einrichtung des geschlossenen Bereichs in der dritten Stufe werden Serviceleistungen angeboten, die in der Versicherungsbranche innovativ sind und damit einen Wettbewerbsvorteil darstellen. Die aufgrund der angebotenen Serviceleistungen, vor allem innerhalb des geschlossenen Bereichs, erreichbare *Transparenz* kann zu einem Abbau der kognitiven Dissonanz führen. Transparenz und *Zusatzlei-*

stungen wie Änderungs- und Schadenanzeigen können in einem Anstieg der *Kundenbindung* resultieren.

Neben dem vorrangigen Ziel, den Online-Auftritt als Instrument zur Kundenbindung einzusetzen, sind auch Vertragsabschlüsse und damit die Gewinnung neuer Kunden nicht ausgeschlossen. Dieser letzte Aspekt sollte aber nicht überbewertet werden, da zur Zeit nur einfach gehaltene Versicherungsprodukte in Betracht kommen. Auch die Skepsis der Allianz, zu den Produktinformationen auch Preise zu nennen, schränkt diese Form der Distribution ein. Der überwiegende Teil der Versicherungsprodukte wird weiterhin auf herkömmlichem Wege verkauft werden.

Wesentlicher Faktor für die Umsetzung der Online-Strategie ist die Verankerung der Online-Kommunikation in allen beteiligten Bereichen des Unternehmens. Kommt es aufgrund anhaltender interner Kompatibilitätsprobleme zu verzögerten oder sogar verlorengegangener Antworten, ist infolge der Sensibilität der Online-Nutzer ein langfristiger Imageverlust nicht auszuschließen. Des weiteren ist auf die Integration des Online-Marketing in die traditionellen Marketingmaßnahmen zu achten; die Online-Nutzer sind auch weiterhin Teilnehmer der konventionellen Märkte.

Informationen zum Vertragsstatus:	• Name des Versicherungsnehmers, Anschrift, Telefon, Bankverbindung • versichertes Objekt/versicherte Person • Versicherungssumme, Leistungsumfang, eingeschlossene Zusatzversicherungen • Vertragsdauer, Vertragsbeginn und -ende • Beitragshöhe, Zahlungsweise, Fälligkeit des Beitrags, gewährte Rabatte • branchenspezifische Informationen zum Status
Informationen zum Bearbeitungsstatus des Versicherungsfalls	• Fall angelegt (in Bearbeitung) • Fall abgeschlossen und Leistungspflicht abgelehnt • Fall abgeschlossen und Leistungspflicht anerkannt
Übersicht der Leistungen	• Übersicht der bisher eingezahlten Beiträge • Übersicht der bisher ausgezahlten Leistungen

Transaktionen	• Änderungsmeldungen, z. B. Adreßänderungen, Heirat, Änderung der Zahlungsweise
	• Anforderungen von Bescheinigungen, z. B.:
	  – Versicherungsbestätigung für Studenten (Krankenversicherung)
	  – Werte der Lebensversicherung für die Steuererklärung (Rückkaufswerte, Gewinnguthaben etc.)
	• Schadenmeldung analog zum offenen Bereich
	• Abschluß von einfachen, standardisierten Versicherungsprodukten, z. B.:
	  – Reiserücktrittsversicherungen
	  – Kfz-Haftpflichtversicherungen

Vertragsanbahnung	• Online-Tarifberechnung • Fragebogen zur Gesprächsvorbereitung

Tab. 11: Mögliche Serviceleistungen im geschlossenen Bereich

6 Online-Tendenzen in der Versicherungsbranche

Das Internet entwickelt sich mit rasanten Wachstumsraten als ein Medium, das Informationen zu jeder Zeit und an jedem Ort verfügbar macht. Ähnlich wie seinerzeit das Telefon und das Fax hat das Internet das Potential, zu einem alltäglichen Kommunikationsmedium zu werden. Unterstützt durch Initiativen des Staates zur Förderung der Informationsinfrastruktur werden sich die Entwicklungen auf Anbieter- und Nutzer-Seite gegenseitig vorantreiben.[270] Je mehr Anbieter mit Informationsangeboten vertreten sind, desto mehr Nutzer werden sich einen Zugang am Arbeitsplatz oder zu Hause besorgen. Je mehr Nutzer einen Zugang haben, desto eher wird die kritische Masse erreicht, ab der mit einer raschen Marktdurchdringung zu rechnen ist.

Parallel mit dem Anstieg der Nutzerzahlen werden die Endgeräte einen Grad der Bedienungsfreundlichkeit erreichen, der mit dem eines Fernsehgerätes vergleichbar sein wird.[271] Mit dem Ausbau der Netzinfrastruktur werden die Übertragungskapazitäten weiter erhöht, so daß lästige Wartezeiten beim Informationstransfer ständig verringert und die existierenden Beschränkungen hinsichtlich der multimedialen Gestaltungsmöglichkeiten abgebaut werden.

Für die Mehrzahl der Unternehmen stellt die Präsenz im WWW zur Zeit eine Investition dar, deren Wirtschaftlichkeit noch nicht quantifiziert werden kann.[272] Die Möglichkeit des Online-Shopping als direkte Reaktion auf einen Online-Auftritt spielt aufgrund rechtlicher und sicherheitstechnischer Unsicherheit bisher nur eine geringe Rolle. Jedoch ist abzusehen, daß mit der zu erwartenden Lösung dieser Prob-

---

270 Vgl. Roll, Oliver: Marketing im Internet, a. a. O., S. 153.
271 Vgl. Oenicke, Jens: Online-Marketing: kommerzielle Kommunikation im interaktiven Zeitalter, a. a. O., S. 179.
272 Vgl. Pörtner, Achim: Konzeption eines Online-Marketings, a. a. O., S. 98.

lemfelder Online-Shopping zunehmend an Bedeutung gewinnen und das WWW zu einem vollwertigen Vertriebskanal für eine Vielzahl von Produkten und Dienstleistungen werden wird.

Der bereits heute erkennbare Einsatz als Marketinginstrument, insbesondere im Service- und Kommunikationsbereich, wird mit andauernder Präsenz im Online-Markt weiter zunehmen. Online-Marketing wird dabei immer stärker in das traditionelle Marketing integriert, so daß es schließlich als eine Erweiterung der klassischen marktorientierten Unternehmensführung zum Dialogmarketing mit (globaler) Kundennähe angesehen werden kann.[273]

Neben dem Einsatz als Marketinginstrument wird die Online-Kommunikation zur Reorganisation von bestehenden Geschäftsprozessen beitragen. Zwischenhändler können umgangen, die Kommunikation kann beschleunigt werden. Des weiteren werden Unternehmen durch die Vorteile der offenen Internet-Standards vor die Wahl gestellt, weiterhin proprietäre Infrastrukturen einzusetzen oder diese schrittweise durch Internettechnologien zu einem Intranet zu entwickeln.

Im Versicherungsbereich dient die Online-Präsenz bislang vor allem der Unternehmensdarstellung, der Produktwerbung und der Kommunikation. Verfolgt man die Ankündigungen der einzelnen Unternehmen, werden zukünftig Serviceleistungen zunehmend den Schwerpunkt der Online-Präsenz darstellen. Der Verkauf von Versicherungen wird sich vorerst auf einfache, standardisierte Produkte beschränken, wobei die Lösung der Sicherheitsprobleme Voraussetzung sein wird.

Es ist abzusehen, daß vor allem Direktversicherer dieses neue Vertriebs- und Servicemedium nutzen werden, insbesondere aufgrund der ähnlichen Nutzerprofile von Direktversicherungskunden und Online-

---

273 Vgl. Hünerberg, Reinhard; Heise, Gilbert; Mann, Andreas: Was Online-Kommunikation für das Marketing bedeutet, a. a. O., S. 21. Vgl. auch die Ausführungen zur marktorientierten Unternehmensführung in Kapitel 2.2.3.

Nutzer und der fehlenden Außendienstproblematik. Für Versicherungsunternehmen, die sich gegen einen Direktvertrieb entschieden haben, wurde in der vorliegenden Arbeit das integrierte Kommunikationsmodell entwickelt, das den vollwertigen Einsatz der einzelnen Marketinginstrumente, verteilt auf Unternehmen und Vermittler, erlaubt.

Eines der Merkmale des Online-Marktes ist die zunehmende Markt- und Preistransparenz. Es ist fraglich, ob Versicherungsunternehmen sich diesem Trend langfristig verschließen können. Aufgrund des zunehmenden Preiswettbewerbs ist eine ansteigende Standardisierung vieler Versicherungsprodukte vorstellbar, die dann kaum noch der Erklärung durch den Vermittler bedürfen. Diese Produkte wären für eine Online-Distribution bestens geeignet, jedoch würde eine Standardisierung von Versicherungsprodukten im Massengeschäft einen Wandel im Vermittlerverständnis bedingen. Der Vermittler würde sich zu einem Spezialisten entwickeln, der je nach Beratungsschwerpunkt individuelle Problemlösungen liefert, beispielsweise in der betrieblichen Altersversorgung oder bei Baufinanzierungen.

Das gegenwärtige Produktportfolio der meisten Versicherungsunternehmen mit Außendienst schließt dieses Szenario aber (noch) aus. Hier stellt immer noch der Vermittler den entscheidenden Verkaufsfaktor dar. „Denn eines sollte trotz der Euphorie in Sachen Informationsgesellschaft nicht vergessen werden: Versicherungen sind ein immaterielles Produkt. Der persönliche Kontakt und die persönliche Überzeugungskraft vermitteln das Vertrauen, das letztlich ausschlaggebend für den Vertriebserfolg ist."[274]

---

274 Bick, Dieter: Wettbewerbsfaktor Internet - Wie können Versicherungen profitieren?, a. a. O., S. 304.

Literaturverzeichnis

1. **Albers, Sönke:** Kundennähe, in: Vahlens großes Marketinglexikon, Hrsg.: Diller, Hermann, München: Vahlen 1992, S. 589-590.

2. **Allianz Aktiengesellschaft (Hrsg.):** Horizonte: Ein Unternehmensprofil der Allianz Gruppe, Ausgabe 1996.

3. **Allianz-AV/Medienzentrale:** Entwicklungsphasen Allianz-Online, internes Papier Februar 1997, zur Verfügung gestellt durch Allianz-AV/Medienzentrale.

4. **Allianz-Marketingforschung:** Kundenzufriedenheitsbarometer 1995, internes Papier vom 25.10.1995, zur Verfügung gestellt durch Allianz-Marketingforschung.

5. **Alpar, Paul:** Kommerzielle Nutzung des Internet: Unterstützung von Marketing, Produktion, Logistik und Querschnittsfunktionen durch das Internet und kommerzielle Online-Dienste, unter Mitarb. von Pfeiffer, Thomas; Quest, Michael; Hoffmann, Arndt, Berlin et al.: Springer-Verlag 1996.

6. **Armbrecht, Wolfgang; Kohnke, Alexander:** Die «Freude am Fahren» bleibt real: Chancen und Grenzen neuer Medien in der Marketingkommunikation aus Sicht eines weltweit agierenden Automobilherstellers, in: THEXIS, Fachzeitschrift für Marketing, Hrsg.: Belz, Christian; Weinhold-Stünzi, Heinz, St. Gallen: Forschungsinst. für Absatz und Handel Heft 1/97, S. 32-38.

7. **Bachem, Christian:** Erfolgsfaktoren für Online Marketing: illustriert am Beispiel aktueller Projekte, in: THEXIS, Fachzeitschrift für Marketing, Hrsg.: Belz, Christian; Weinhold-Stünzi, Heinz, St. Gallen: Forschungsinst. für Absatz und Handel Heft 1/97, S. 22-25.

8. **Benölken, Heinz; Greipel, Peter:** Dienstleistungsmanagement: Service als strategische Erfolgsposition, 2. Aufl., Wiesbaden: Gabler 1994.

9. **Betsch, Oskar:** Versicherungs-Marketing, in: Vahlens großes Marketinglexikon, Hrsg.: Diller, Hermann, München: Vahlen 1992, S. 1240-1242.

10. **Betsch, Oskar:** Versicherungsvertrieb, in: Vahlens großes Marketinglexikon, Hrsg.: Diller, Hermann, München: Vahlen 1992, S. 1243.

11. **Bick, Dieter:** Wettbewerbsfaktor Internet - Wie können Versicherungen profitieren?, in: Versicherungswirtschaft, Heft 5/1996, S. 301-304.

12. **Bieberstein, Ingo:** Dienstleistungs-Marketing, in: Modernes Marketing für Studium und Praxis, Hrsg.: Weis, Hans Christian, Ludwigshafen (Rhein): Kiehl 1995.

13. **Blawath, Stefan; Heimes, Klaus:** Das Internet als Kommunikationsinstrument für Versicherungsunternehmen, in: Versicherungswirtschaft Heft 20/1996, S. 1402-1407.

14. **Booz Allen & Hamilton:** Zukunft Multimedia: Grundlagen, Märkte und Perspektiven in Deutschland, 3. Aufl., Frankfurt am Main: Verlagsgruppe Frankfurter Allgemeine Zeitung GmbH 1996.

15. **Bruhn, Manfred:** Internes Marketing als Forschungsgebiet der Marketingwissenschaft - Eine Einführung in die theoretischen und praktischen Probleme, in: Internes Marketing: Integration der Kunden- und Mitarbeiterorientierung ; Grundlagen - Implementierung - Praxisbeispiele, Hrsg.: Bruhn, Manfred, Wiesbaden: Gabler 1995, S. 13-61.

16. **Bundesministerium für Bildung und Wissenschaft (Hrsg.):** Das Informations- und Kommunikationsdienste-Gesetz (IuKDG), Kurzdarstellung, online im Internet: http://www.bmbf.de/archive/magazin/mag97/kw25/informat.htm (Stand 01.09.1997).

17. **Cheswick, William R.:** Firewalls und Sicherheit im Internet: Schutz vernetzter Systeme vor cleveren Hackern, Bonn et al.: Addison-Wesley 1996.

18. **Cons, Peter; Boghossian, Nicolas:** Deutsche kommerzielle Online-Dienste im Vergleich, online im Internet: http://www.mpi-sb.mpg.de/nicom/online/tabelle.html (Stand 16.03.97).

19. **Deutsches Patentamt**, Informationsstelle, Tel. 030-25992-0.

20. **Diller, Hermann:** Marketingumwelt, in: Vahlens großes Marketinglexikon, Hrsg.: Diller, Hermann, München: Vahlen 1992, S. 702-703.

21. **DPS Marketing**: Marketing Analyse, online im Internet: http://www.intermarket.de/dps/analyse.htm (Stand 02.04.1997).

22. **Emery, Vince:** Internet im Unternehmen: Praxis und Strategien, Übers.: Obermayr, Karl et al., Heidelberg: dpunkt, Verl. für digitale Technologie 1996.

23. **Fantapié Altobelli, Claudia, Hoffmann, Stefan:** Die optimale Online-Werbung für jede Branche: Was Nutzer von Unternehmensauftritten im Internet erwarten. Die erste Analyse zur Online-Werbung für zehn Schlüsselbranchen, Studie im Auftrag von MGM MediaGruppe München und Spiegel-Verlag Hamburg, 1996.

24. **Farny, Dieter:** Versicherungsbetriebslehre, 2., überarb. Aufl., Karlsruhe: VVW 1995.

25. **Farny, Dieter:** Versicherungsmarketing, in: Enzyklopädie der Betriebswirtschaftslehre, Bd. 4, Handwörterbuch des Marketing,

Literaturverzeichnis 195

2., vollst. überarb. Aufl., Hrsg.: Tietz, Bruno, Stuttgart: Schäffer-Poeschel 1995, S. 2600-2612.

26. **Fittkau, Susanne; Maass, Holger:** Nutzerdaten als Basis eines erfolgreichen Online-Marketing: Ergebnisse der World Wide Web-Benutzerbefragungen «W3B», in: THEXIS, Fachzeitschrift für Marketing, Hrsg.: Belz, Christian; Weinhold-Stünzi, Heinz, St. Gallen: Forschungsinst. für Absatz und Handel Heft 1/97, S. 12-15.

27. **Fittkau, Susanne; Maass, Holger (Hrsg.):** W3B-Umfrage Oktober/November 1996, online im Internet: http://www.w3b.de/W3B-1996/Okt-Nov/Ergebnisse/Zusammenfassung.html (Stand 20.03.97).

28. **Fritsch, Lothar:** Verteilte Systeme - Multimedia: World Wide Web, online im Internet: http://fsinfo.cs.uni-sb.de/~fritsch/Papers/WWW-Paper/node3.html (Stand 19.03.1997).

29. **Gabler Wirtschafts-Lexikon**, 13., vollst. überarb. Aufl., erschienen auf CD-ROM, Wiesbaden: Gabler 1993.

30. **Georgia Tech Research Corporation (Hrsg.):** GVU´s 6th User Survey 10/96, online im Internet: http://www.cc.gatech.edu/gvu/user_surveys/survey-10-1996/ (Stand 21.03.1997).

31. **Gräf, Hjördis:** Profilierung durch Online-Marketing: Chancen und Risiken der Nutzung elektronischer Märkte für Kunden und Unternehmen, in: THEXIS, Fachzeitschrift für Marketing, Hrsg.: Belz, Christian; Weinhold-Stünzi, Heinz, St. Gallen: Forschungsinst. für Absatz und Handel, Heft 1/97, S. 47-51.

32. **Gramlich, Ludwig:** Rechtliche Probleme, in: Hünerberg Reinhard (Hrsg.); Heise, Gilbert; Mann, Andreas: Handbuch Online-Marketing: Wettbewerbsvorteile durch weltweite Datennetze, Landsberg/Lech: Verl. Moderne Industrie 1996, S. 83-104.

33. **Grund-Ludwig, Pia:** Die heimlichen Machthaber im Internet, in: Chip, Heft 4/1997, S. 282-286.

34. **Hansen, Hans Robert:** Klare Sicht am Info-Highway: Geschäfte via Internet & Co., unter Mitarbeit von Christian Bauer, Wien: Verlag Orac 1996.

35. **Hanser, Peter:** Aufbruch in den Cyberspace, in: Absatzwirtschaft Heft 8/95, S. 34-39.

36. **Hünerberg, Reinhard; Heise, Gilbert; Mann, Andreas:** Handbuch Online-Marketing: Wettbewerbsvorteile durch weltweite Datennetze, Landsberg/Lech: Verl. Moderne Industrie 1996.

37. **Hünerberg, Reinhard; Heise, Gilbert; Mann, Andreas:** Was Online-Kommunikation für das Marketing bedeutet, in: THEXIS, Fachzeitschrift für Marketing, Hrsg.: Belz, Christian; Weinhold-Stünzi, Heinz, St. Gallen: Forschungsinst. für Absatz und Handel Heft 1/97, S. 16-21.

38. **Huly, Heinz-Rüdiger; Raake, Stefan:** Marketing online: Gewinnchancen auf der Datenautobahn, Frankfurt/Main; New York: Campus Verlag 1995.

39. **Koch, Peter; Weiss, Wieland (Hrsg.):** Gabler-Versicherungslexikon, Wiesbaden: Gabler 1994.

40. **Kotler, Philip; Bliemel, Friedhelm:** Marketing-Management: Analyse, Planung, Umsetzung und Steuerung, 8., vollst. neu bearb. und erw. Aufl., Stuttgart: Schäffer-Poeschel 1995.

41. **Kubicek, Herbert; Reimers, Kai:** Hauptdeterminanten der Nachfrage nach Datenkommunikationsdiensten: Abstimmungsprozesse vs. kritische Massen, online im Internet: http://infosoc.informatik.uni-bremen.de/OnlineInfos/KommDienst/KommDienst.html (Stand 31.03.1997).

Literaturverzeichnis

42. **Kurtenbach, Wolfgang W.**; **Kühlmann, Knut**; **Käßer-Pawelka, Günter:** Versicherungsmarketing: Eine praxisorientierte Einführung in das Marketing für Versicherungen und ergänzende Dienstleistungen, Frankfurt am Main: Verlag Fritz Knapp GmbH 1995.

43. **Lampe, Frank:** Business im Internet: Erfolgreiche Online-Geschäftskonzepte, Hrsg.: Ramm, Frederik, Braunschweig; Wiesbaden: Vieweg 1996.

44. **Landweber Larry:** Internet Connectivity Table, online im Internet: http://www.dsl.ics.tut.ac.jp/~okuyama/internetgif/connectivity-map-v15.gif (Stand 21.03.1997).

45. **Meffert, Heribert:** Marketing (Grundlagen), in: Vahlens großes Marketinglexikon, in: Vahlens Großes Marketinglexikon, Hrsg.: Diller, Heinrich, München: Vahlen 1992, S. 648-653.

46. **Meffert, Heribert:** Marketing-Management: Analyse - Strategie - Implementierung, Wiesbaden: Gabler 1994.

47. **Meffert, Heribert; Bruhn, Manfred:** Dienstleistungsmarketing: Grundlagen - Konzepte - Methoden; mit Fallbeispielen, 2., überarb. und erw. Aufl., Wiesbaden: Gabler 1997.

48. **Meyer, Anton:** Dienstleistungs-Marketing: Erkenntnisse und prakt. Beispiele, 5. Aufl., Augsburg: FGM-Verl., Verl. d. Förderges. Marketing an d. Univ. Augsburg, 1992.

49. **Müller-Lutz, Heinz L.:** Einführung in das Organisationswesen des Versicherungs-Betriebes, in: Grundbegriffe der Versicherungs-Betriebslehre, Band 1, 4., völlig neubearbeitete Auflage, Karlsruhe: VVW 1984.

50. **Nitsche, Michael:** Aspekte der Kundenzufriedenheit in der Versicherungswirtschaft, in: Versicherung, Risiko und Internationalisierung: Herausforderung für Unternehmensführung und Politik;

Festschrift für Heinrich Stremnitzer zum 60. Geburtstag, Hrsg.: Mugler, Josef; Nitsche, Michael, Wien: Linde 1996, S. 131-145.

51. **Nickel-Waninger, Hartmut:** Versicherungsmarketing: auf der Grundlage des Marketing von Informationsprodukten, in: Veröffentlichungen des Seminars für Versicherungslehre der Universität Frankfurt am Main, Band 2, Hrsg.: Müller, Wolfgang, Karlsruhe: Verlag Versicherungswirtschaft e.V. 1987.

52. **Obermayr, Karl; Gulbins, Jürgen; Strobel, Stefan; Uhl, Thomas:** Das Internet-Handbuch für Windows: Connect & Play mit Eunet's Surfsuite, Surfkit, Heidelberg: dpunkt, Verl. für digitale Technologie 1995.

53. **Oenicke, Jens:** Online-Marketing: kommerzielle Kommunikation im interaktiven Zeitalter, Stuttgart: Schäffer-Poeschel 1996.

54. **Ohmae, K.:** The Mind of the Strategist, New York: McGraw Hill 1982.

55. **o. V.:** Info 2000: Deutschlands Weg in die Informationsgesellschaft, in: Bericht der Bundesregierung: Aktuelle Beiträge zur Wirtschafts- und Finanzpolitik, Nr. 5/1996, hrsg. vom Presse und Informationsamt der Bundesregierung, Bonn, 23. Februar 1996.

56. **o. V.:** Auftritt im Cyberspace bereitet Firmen Probleme: Studie von Arthur D. Little zum Marketing mit Multimedia, in: Computerwoche 11/96, S. 56.

57. **o. V.:** Wie gut ist die Beratungsqualität bei Direktversicherern, in: Versicherungskaufmann 4/96, S. 42.

58. **Porter, Michael E.:** Wettbewerbsvorteile: Spitzenleistungen erreichen und behaupten = (Competitive advantage), Dt. Übers. von Angelika Jaeger, Frankfurt am Main: Campus-Verlag 1986.

59. **Porter, Michael E.:** Wettbewerbsstrategie: Methoden zur Analyse von Branchen u. Konkurrenten = (Competitive Strategy), Dt.

Übers. von Volker Brandt u. Thomas C. Schwoerer, 4. Aufl., Frankfurt/M.; New York: Campus Verlag, 1987.

60. **Pörtner, Achim:** Konzeption eines Online-Marketings, Diplomarbeit am Lehrstuhl für Allg. BWL und Wirtschaftsinformatik, Univ.-Prof. Dr. Herbert Kargl, Johannes Gutenberg-Universität Mainz 1996.

61. **Quelch, John A; Klein, Lisa R.:** The Internet and International Marketing, in: Sloan Management Review/Spring 1996, S. 60-65.

62. **Roll, Oliver:** Marketing im Internet, München: tewi-Verl. 1996.

63. **Scheller, Martin; Boden, Klaus-Peter; Geenen, Andreas; Kampermann, Joachim:** Internet: Werkzeuge und Dienste; von „Archie" bis „World Wide Web", Berlin et al.: Springer 1994.

64. **Scheuch, Fritz:** Dienstleistungen, in: Vahlens großes Marketinglexikon, Hrsg.: Diller, Hermann, München: Vahlen 1992, S. 192-194.

65. **Schradin, Heinrich R.:** Erfolgsorientiertes Versicherungsmanagement: betriebswirtschaftliche Steuerungskonzepte auf risikotheoretischer Grundlage, in: Veröffentlichungen des Instituts für Versicherungswirtschaft der Universität Mannheim, Band 43, Hrsg.: Albrecht, P.; Lorenz, E., Karlsruhe: VVW 1994.

66. **Schumacher, Oliver:** Braune Schatten, in: DIE ZEIT, Ausgabe Nr. 16 vom 11.04.1997, S. 21.

67. **Schwickert, Axel C.; Pörtner, Achim:** Der Online-Markt - Abgrenzung, Bestandteile, Kenngrößen, in: Arbeitspapiere WI, Nr. 2/1997, hrsg. vom Lehrstuhl für Allg. BWL und Wirtschaftsinformatik, Univ.-Prof. Dr. Herbert Kargl, Johannes Gutenberg-Universität Mainz.

68. **Simon, Hermann:** Wettbewerbsstrategien, Working Paper 03-91, hrsg. vom Lehrstuhl für BWL und Marketing der Johannes Gutenberg-Universität Mainz.

69. **Simon, Hermann:** Preismanagement: Analyse, Strategie, Umsetzung, 2., vollst. überarb. und erw. Aufl., Wiesbaden: Gabler 1992.

70. **Simon, Hermann; Homburg, Christian (Hrsg.):** Kundenzufriedenheit: Konzepte - Methoden - Erfahrungen, Wiesbaden: Gabler 1995.

71. **Stahlknecht, Peter:** Einführung in die Wirtschaftsinformatik, 7., vollst. überarb. und erw. Aufl., Berlin et al.: Springer 1995.

72. **Strömer, Tobias H.:** Ein kurzer Blick auf die Rechtslage in Deutschland, in: Emery, Vince: Internet im Unternehmen: Praxis und Strategien, Übers.: Obermayr, Karl et al., Heidelberg: dpunkt, Verl. für digitale Technologie 1996, S. 127-130.

73. **Topritzhofer, Edgar:** Marketing-Mix, in: Handwörterbuch der Absatzwirtschaft, Hrsg.: Tietz, Bruno, Stuttgart: C.E. Poeschel-Verlag 1974, S. 1247-1264.

74. **Venohr, Bernd:** Kundenbindungsmanagement als strategisches Unternehmensziel: Leitmotiv für Versicherungsunternehmen, in: Versicherungswirtschaft Heft 6/1996.

75. **von Kortzfleisch, Harald F. O.:** Möglichkeiten von Telekommunikation/Online-Diensten und Multimedia zur Unterstützung/Verbesserung der Interaktion zwischen dem Vertreter im Außendienst der Allianz Versicherungs-AG und den Kunden – Studie für die Allianz Versicherungs-AG Generaldirektion, München, 25.03.1996, zur Verfügung gestellt von Vertrieb/Marketing der Allianz Versicherungs-AG München.

76. **Werner, Andreas; Stephan, Ronald:** Marketing-Instrument Internet, Heidelberg, Verl. für digitale Technologie 1997.

Online-Adressen

1. Allianz Kapitalanlagengesellschaft
   http://www.allianz-kag.de

2. Blacklist of Internet Advertisers
   http://math-www.uni-paderborn.de/~axel/BL/

4. Bundesministerium für Bildung und Forschung
   http://www.bmbf.de

5. Bundesministerium für Wirtschaft - „Informationsgesellschaft"
   http://www.bmwi-info2000.de

6. Jobware Online-Service GmbH
   http://www.jobware.de

7. Online Stellenmarkt Deutschland
   http://www.stellenanzeigen.de

8. United Parcel Service
   http://www.ups.com/tracking/tracking.html

9. Verimation Homepage
   http://www.veriuk.demon.co.uk/index.html

10. Newsgroup
    news:alt.current-events.net-abuse

11. Newsgroup
    news:de.etc.finanz

12. Newsgroup
    news:misc.industry.insurance

Stichwortverzeichnis

A

Abschlußvertreter · 27, 59, 171
Abwicklungsphase · 123
After-Sales · 117, 136, 160, 164
Akquiseinstrument · 151, 160, 162
Akquisitionsstrategie · 72
All-Gefahren-Deckung · 56
America Online (AOL) · 79
Änderungsmeldungen · 159, 188
Angebotsgestaltung · 26
ARPANet · 76
Asynchronous Transfer Mode (ATM) · 81
Ausgleichsanspruch · 27
Auskunftspflicht · 18
Außendienst · 11, 12, 16, 29, 32, 35, 43, 44, 51, 61, 66, 68, 69, 71, 121, 137, 139, 140, 144, 153, 162, 164, 165, 171, 173, 191, 200
Authentizität · 87, 92, 122
Autoschutzbrief · 25

B

Baufinanzierung · 26
Benutzerkennung · 93
Beratungsbedarf · 25
Beziehungsmarketing · 68, 132
Bookmarks · 110
Branchenstruktur · 32
Breitbandkabel · 73
Browser · 78, 79, 110, 111, 183
Bundesaufsichtsamt · 10, 24

C

Carrier · 75
CERN · 78
CompuServe · 79, 95
Computer Based Training · 130
Content-Provider · 75
Cookies · 113
Corporate Design · 140, 159, 173, 178
Cyberspace · 11, 12, 118, 196, 198

D

Dachmarke · 118, 149
Datenmächtigkeit · 100
Datenübertragungseinrichtungen · 74, 75
Deckungsumfang · 35
Dialogfähigkeit · 173, 177
Dialogmarketing · 190
Dienstleistung · 14, 16, 17, 18, 19, 23, 36, 47, 48, 53, 56, 117, 119, 121, 123, 124, 136, 156
  primäre · 36, 52, 56, 117
  sekundäre · 36, 52, 56, 117
Dienstleistungsmarketing · 12, 14, 15, 16, 17, 19, 20, 22, 23, 24, 25, 34, 35, 44, 45, 54, 58, 63, 66, 119, 197
Dienstleistungsqualität · 23, 68
Differenzierung · 33, 34, 36, 37, 38, 45, 72
Differenzierungsquellen · 41
Differenzierungsstrategie · 15, 36, 37, 38, 40, 47, 51, 52, 69

Stichwortverzeichnis

Differenzierungsvorteil · 38
Digit Counter · 111, 115
Digitale Signatur · 86, 89
Direkter Absatz · 25
Direktmarketing · 133, 137, 163, 185
Direktversicherer · 25, 26, 35, 190
Distributionspolitik · 52, 59, 120, 136, 151, 161, 164, 185
Domain-Name · 126
Doppelkarte · 160, 173, 182
Drei-Stufen-Plan · 174, 175
Duales Konzept · 22

E

E-Mail · 10, 77 ff., 101, 106 ff., 115 ff., 123 ff., 145, 150, 157, 159, 160, 163, 173, 175 ff.,
Erklärungsbedürftigkeit · 20, 49, 63, 69, 136, 150, 151
Erlebniswert · 19, 20, 25, 49
Ethernet · 146
Europe Online (EOL) · 80
externer Faktor · 16, 23, 25, 34

F

FAQ-Listen · 140, 149, 160, 176
Feedbackkanal · 99
Firewall · 93, 148, 176, 179, 183
Fokusstrategie · 33, 38, 39
FTP · 10, 77, 80, 111

G

Gateway · 75, 157, 175
generische Wettbewerbsstrategien · 33, 39
Gewinnspanne · 42

H

High-involvement-Produkt · 20
HTML · 10, 79, 101, 108, 111, 112, 183
HTTP · 10, 78, 79, 91, 157
Hypermedia · 73, 78, 79

I

Image · 23, 175
Imitierungsgefahr · 52
Immaterialität · 17, 24, 69, 121, 136
Indirekter Absatz · 27
Individualisierung · 34, 63
Individualkommunikation · 63, 67, 70, 99, 100, 101, 125, 130, 131, 132, 136, 176
Individualversicherer · 15
Informationsgesellschaft · 11, 191, 198
Informationspflicht · 25
Informationsphase · 123
Integrität · 92, 122
interaktives Fernsehen · 76, 80, 81
Interaktivität · 79, 80, 100, 101, 102, 118, 124, 130, 131, 135, 136, 153, 156
Internet · 76
Internet Relay Chat · 125, 129
Intranet · 95, 131, 146, 147, 155, 156, 157, 164, 166, 179, 190
Investitionsgütermarketing · 14, 22, 56
IuKDG · 86, 194
IuK-Infrastruktur · 131, 137, 146, 158, 164, 166

J

Java · 79

K

Kernleistung · 36, 37, 39, 56, 57, 148, 159, 161
Knowledge-Base · 157
Kommunikationsinstrumente · 60, 63, 64
    Öffentlichkeitsarbeit · 61
    persönliche Kommunikation · 63
    Public Relations · 61
    Sponsoring · 62
    Verkaufsförderung · 61
    Werbung · 60
Kommunikationsmodell · 10, 12, 16, 99, 140, 148, 164, 166, 167, 168, 169, 174, 186, 191
Kommunikationspolitik · 60, 63, 66, 67, 70, 100, 105, 124, 129, 136, 152, 159, 162
Kommunikationspolitik interne · 66
Konditionenpolitik · 58, 119, 185
Konkurrenzbeobachtung · 113 f.
Konkurrenzbetrachtung · 21
Konsumgütermarketing · 14, 22
Kontrahierungspolitik · 58, 118, 151, 161
Kostenführerschaft · 33, 34, 35, 38, 51
Kostenführungsstrategie · 34, 35
Krisenmanagement · 127
Kryptographie · 92, 184
Kundenansprache · 25, 63, 129
Kundenbefragung · 25
Kundenbetreuung · 37, 159

Kundenbeziehung · 5, 12, 51, 139
Kundenbindung · 5, 15, 35, 47, 51, 52, 69, 114, 139, 142, 150, 162, 164, 166, 171, 187
Kundenloyalität · 11, 72
Kundenorientierung · 21, 22, 51, 54, 66, 67, 102, 129
Kundenzufriedenheit · 35, 36, 47, 48, 51, 52, 197, 200
Kundenzufriedenheitsbarometer · 171, 172, 192

L

Lagerfähigkeit · 17, 18
Lebenszyklusphasen · 49
Leistungserstellung · 18
Leistungspolitik · 56, 116, 136, 148, 159
Leistungsversprechen · 17
Links · 78, 101, 114, 128, 178, 182
Logfile-Analyse · 111, 113, 115
Low-interest-Produkt · 20

M

Marke · 23, 118, 126
Markenaufbau · 36
Markenwechsel · 48
Marketing
    externes · 52, 54
    interaktives · 54, 67, 131
    internes · 53, 66, 129, 156, 164
Marketing als betriebliche Funktion · 20
Marketing als Managementkonzept · 20
Marketing-Controlling · 20
Marketing-Mix · 52, 65, 105, 138, 200

Marketingumfeld · 20
Marktforschung · 71, 83, 106, 114 f., 135, 137, 145, 155, 163
marktorientierte Unternehmensführung · 14, 20
Markttransparenz · 119, 120, 123
Massenmarkt · 74
Media Richness · 97, 101
Metaindices · 114, 115, 126
Microsoft Network (MSN) · 80
Mitarbeiterqualifikation · 23, 53
Multifunktionalität · 100, 131
Multimedia · 11 f., 51, 72, 74, 76, 79, 101, 134, 144, 153, 162, 164, 171, 193, 195, 198, 200
Multimedia-Gesetz · 86
multimedial · 101, 118, 130, 153
Multimedialität · 79 ff., 100, 101, 124, 127, 130, 135, 136, 153

N

Nebenberufsvermittler · 29
Netiquette · 85, 86, 89, 107, 126, 128, 133, 136, 154
Netzinfrastruktur · 73, 74, 79, 90, 189
Newsgroups · 89, 101, 108, 126, 127, 154, 157
Nutzeridentifikationen · 111

O

Öffentlichkeitsarbeit · 31, 60, 61, 62, 67, 125, 127, 128, 137, 145, 148, 152, 154, 162, 163, 173, 176, 179, 180
Offline · 73, 123
Online-Auftritt · 140
Online-Dienste, kommerzielle · 79

Online-Distribution · 120, 121, 122, 123, 185, 191
Online-Kommunikation · 72, 87, 97 ff., 115 ff., 135 ff., 144 ff., 161 ff., 172, 176, 186, 187, 190, 196
Online-Marketing · 96
Online-Markt · 12, 71 ff., 104 ff., 116 ff., 124, 135, 136, 139, 140, 146, 165, 190, 199
Online-Nutzer · 83
Online-Panels · 83, 106, 110, 115
Online-Präsenz · 5, 12, 128, 137, 142, 165, 190
Online-Rabatt · 119, 151, 185
Online-Schadenmeldung · 149
Online-Strategie · 12, 16, 169, 172, 175, 186, 187
Online-Umsatz · 82

P

Paßwort · 93
Patentrecht · 24
Patentschutz · 37
PC-Meter · 110
Personal Computer · 74
Personalbeschaffung · 66, 130, 137, 148, 156, 164, 177
Personalentwicklung · 130, 156
Personalpolitik · 66, 68, 129, 156
PIN · 93, 183
Prämienführerschaft · 39
Prämienzahlung · 17
Preisbündelung · 58
Preisdifferenzierung · 119
Preispolitik · 58, 105
Preistransparenz · 105, 191
Produktwerbung · 60, 89, 152, 153, 162, 180, 190

Provider · 75, 82, 90, 113, 119, 179
Proxy-Server · 112
Public Relations · 60, 61, 127
Pull-Marketing · 23
Push-Marketing · 23

R

Rechtliche Situation
   IuKDG · 86
   Multimedia-Gesetz · 86
Rechtsunsicherheit · 134
Registrierkarten · 106, 109, 115
Relationship-Marketing · 68, 102, 137
Risikodeckung · 56
Risikosituation · 17, 23, 165

S

Schadendirektruf · 145, 149
Schadenregulierung · 37, 40, 172
Schutzversprechen · 35
Segmentierungspolitik · 57
Serviceführerschaft · 39
Serviceorientierung · 37
Servicepolitik · 56, 69, 117, 136, 139, 145, 149, 158, 159, 166, 176, 179, 180, 184, 185
Servicequalität · 12, 171, 172
Sicherheitskonzept · 40, 176
Sicherheitsproblematik · 90, 91, 94, 95, 120, 134, 138
Site-Promotion · 126
Sortimentspolitik · 57
Sponsoring · 60, 62, 82, 125, 128
Standardisierung · 34, 191
Stellenmarkt · 156, 164, 201
Strategietypen · 15, 34

strategischer Wettbewerbsvorteil · 40, 142
strategisches Dreieck · 21, 31, 66, 139
strategisches Management · 32
Suchdienste · 114, 115

T

TAN · 93, 183
TCP/IP · 10, 76, 77, 79, 91, 95, 146, 147, 157
Telekommunikation · 11, 51, 74, 144, 153, 162, 164, 171, 200
Telnet · 77
Token-Ring · 146
T-Online · 79, 172
Transaktionsfähigkeit · 183
Transaktionssicherheit · 93
Transparenz · 118, 142, 150, 164, 165, 166, 186

U

Uno-actu-Prinzip · 16, 19
Urlaubskrankenversicherung · 25
Usenet · 77, 80

V

Verbindlichkeit · 92, 122
Verbrauch · 16, 18, 23
Verkaufsförderung · 60, 61, 69, 125, 128, 129, 137, 146, 152, 155, 157, 163, 185
Vermittler · 25 ff., 115, 139 ff., 181 ff., 191
   Einfirmen · 29
   Mehrfirmen · 29
Verschlüsselung · 92, 147, 184
Versicherungsbetrug · 51

Versicherungsbranche · 5, 11 ff., 39 ff., 86 f., 139 ff., 184, 186, 189
Versicherungsdienstleistung · 14, 15, 18, 19, 24, 25, 38, 49, 69
Versicherungsfall · 18, 19, 25, 26, 35, 44, 51, 61
Versicherungsmakler · 29
Versicherungsmarketing · 12, 14, 15, 17, 18, 19, 24, 25, 47, 54, 55, 56, 57, 58, 59, 60, 61, 63, 65, 194, 197, 198
Versicherungsprämie · 37
Versicherungsschutz · 18, 19, 44, 52, 58, 160
Versicherungsvermittler · 15, 29, 38, 147
Versicherungsvertrag · 87, 140
Versicherungsvertreter · 27
Versicherungswirtschaft · 11, 14, 24, 25, 30, 35, 36, 51, 152, 193, 197, 198, 199, 200
Vertragsabschluß · 18, 25, 27, 88, 142, 148, 161, 165
Vertragsanbahnung · 161, 186, 188
Vertragsverhältnis · 17, 19
Vertraulichkeit · 92, 122
Vertreterprofil · 180, 182
Vertriebspolitik · 25
Vertriebsweg, indirekter · 15
Vertriebswege · 29

W

Wartungsaufwand · 135
Web-Site · 106 ff., 125 ff., 126, 128, 132, 136, 140 ff., 162 f., 165, 175 ff., 186

Werbung · 31, 60, 62, 82, 89, 90, 108, 116, 125, 128, 136, 149, 152, 153, 162, 176, 179, 180, 185, 194
Wertaktivität
primäre · 42
sekundäre · 42
Wertkette · 21, 41, 42, 44, 144, 158, 166
Wertkettenanalyse · 15, 41, 45, 144
Wertkettenansatz · 12, 18, 41, 43, 142
Wettbewerbsdruck · 14
Wettbewerbssituation · 20
Wettbewerbsstrategie · 32, 33, 34, 36, 39, 40, 198
Wettbewerbstheorie · 73
Wettbewerbsvorteile · 11, 14, 21, 41, 42, 43, 44, 45, 74, 78, 80, 87, 88, 91, 96, 171, 195, 196, 198
Willenserklärung · 88, 93
Wirtschaftsgütern · 16
World Wide Web · 12, 71, 76, 77, 78, 79, 83, 84, 91, 94, 101, 114, 135, 136, 172, 177, 189, 195, 199
WWW-Connectivity · 104
WWW-Fragebogen · 106, 108, 148, 161, 182

Z

Zahlungsabwicklung · 105, 123
Zielmarkt · 33
Zugangsauthorisation · 93, 151
Zukunftsbedarf · 19
Zwei-Wege-Kommunikation · 73

Rauh/Stickel
Konzeptuelle Datenmodellierung

Von Prof. Dr. **Otto Rauh**
Fachhochschule Heilbronn
und Prof. Dr. **Eberhard Stickel**
Europa-Universität Viadrina
Frankfurt/Oder

1997. 400 Seiten mit 190 Bildern.
16,2 × 22,9 cm.
(Teubner-Reihe
Wirtschaftsinformatik)
Kart. DM 69,80
ÖS 510,– / SFr 63,–
ISBN 3-8154-2601-4

Anschaulich, aber exakt werden Grundlagen und weiterführende Kenntnisse dieser so wichtigen Technik vermittelt. Eine Besonderheit dieses Buches ist die starke Betonung der Entwurfsqualität. Die Autoren entwickeln nicht nur ein komplettes System von Qualitätsmerkmalen, sondern zeigen auch, wie qualitativ hochstehende Entwürfe erzielt werden können. Die Stellung der Datenmodellierung im Prozeß der klassischen und der objektorientierten Softwareentwicklung wird ebenso eingehend diskutiert wie Fragen der Aufbau- und Ablauforganisation und mögliche Vorgehensweisen beim Entwurf großer Modelle.

Das Buch wendet sich sowohl an Praktiker als auch an Studenten der Informatik und Wirtschaftsinformatik im Haupt- und Nebenfach. Viele Übungsaufgaben (mit Lösungen) ergänzen den Text.

Preisänderungen vorbehalten.

 B. G. Teubner Stuttgart · Leipzig